Natürliche Zahlen – Vorgänger und Nachfolger

Der Zahlenstrahl

0 1 2 3 4 5 6 7 8 9 10 11 12 13 …

Am Zahlenstrahl erkennst du: – Null hat keinen Vorgänger.
Jede andere natürliche Zahl hat genau einen Vorgänger und genau einen Nachfolger.

Beispiel: **4** ist der **Vorgänger von 5.**
6 ist der **Nachfolger von 5.**

1. Notiere – wie im Beispiel – zu jeder Zahl den Vorgänger und den Nachfolger. Zur Kontrolle sind die drei nebeneinander stehenden Zahlen addiert.

a)

Vorgänger	Zahl	Nachfolger	Kontrollzahl
4	**5**	*6*	*15*
	24		72
	87		261
	190		570
	255		765

b)

Vorgänger	Zahl	Nachfolger	Kontrollzahl
	340		1020
	5000		15 000
	1579		4737
	9999		29 997
	23 487		70 461

2. Zeichne von der Zahl 1235 einen Pfeil zum Nachfolger, bis du die Zahl 1250 erreicht hast.

1235	1231	1207	1562	1325	1024	1241	1423	1234	1327	1276	1246	1274	1256	1219	1275
1233	1330	1320	1238	1627	1124	2124	2242	1243	1262	1267	1264	2126	2148	1249	1125
1336	1236	1272	2238	1225	1240	1212	1832	1255	1261	1245	3347	1247	2481	1349	1350
1134	1232	1237	1326	1393	1340	1221	1242	1353	2144	2452	2248	2348	1208	1234	1520
1230	1337	1273	1529	1239	1139	1202	1342	1254	1244	1256	1325	1277	1248	2250	**1250**

3. Vervollständige die Tabelle. Die Kontrollzahlen ergeben sich wie in Aufgabe 1.

a)

Vorgänger	Zahl	Nachfolger	Kontrollzahl
	1235		3705
3772			11 319
	624		1872
		910	2727
699			2100

b)

Vorgänger	Zahl	Nachfolger	Kontrollzahl
	21 232		63 696
663			1992
		200	597
270			813
	3978		11 934

4. Ordne die Zahlen nach der Beziehung „ist kleiner als". Beispiel: *125, 27, 85: 27< 85 < 125*

a) 101, 99, 111: ____________

b) 768, 787, 767: ____________

c) 899, 988, 898: ____________

d) 209, 211, 210: ____________

e) 1245, 1235, 1234: ____________

f) 4784, 4853, 4799: ____________

5. Ordne die Zahlen nach der Beziehung „ist größer als". Beispiel: *46, 49, 64: 64 > 49 > 46*

a) 439, 423, 440: ____________

b) 1323, 1325, 1326: ____________

c) 758, 767, 757: ____

d) 3245, 3235, 3434: ____

Die Namen einiger sehr großer Zahlen

eine **Million**	1 000 000
zehn Millionen	10 000 000
hundert Millionen	100 000 000
eine **Milliarde**	1 000 000 000
eine **Billion**	1 000 000 000 000
eine **Billiarde**	1 000 000 000 000 000
eine **Trillion**	1 000 000 000 000 000 000
eine **Trilliarde**	1 000 000 000 000 000 000 000

Zum **Lesen** sehr großer Zahlen bildest du **Dreierblöcke**.

1. Übertrage die Stellenwerttafel in dein Heft und trage die großen Zahlen ein.

Billionen			Milliarden			Millionen			Tausender					
HB	ZB	B	HMrd	ZMrd	Mrd	HM	ZM	M	HT	ZT	T	H	Z	E

a) 5 Millionen
723 Milliarden
81 Billionen
222 Millionen
804 Tausend

b) 49 Millionen 702 Tausend
3 Billionen 14 Milliarden
620 Milliarden 30 Millionen
7 Milliarden 880 Millionen
10 Millionen 35 Tausend

c) 4 Milliarden 3 Millionen 2 Tausend
9 Billionen 121 Millionen 835
17 Millionen 652 Tausend 21
75 Milliarden 9 Millionen 645
509 Milliarden 40 Tausend 17

2. Gib die Werte der Ziffern an. Schreibe die großen Zahlen wie im Beispiel.
Beispiel: *3 600 208 = 3 · 1 000 000 + 6 · 100 000 + 2 · 100 + 8 · 1*

a) 1 200 300
78 602
28 022 030
30 010 003
2 400 010 070

b) 140 000 053
3 000 600 790
6 901 206
80 400 050 060
100 800 237

c) 500 708 004
94 249
41 050 009
9 000 310 200
10 090 045 002

3. Schreibe die Zahlen in Worten in dein Heft.
Beispiel: *2 734 819 : 2 Millionen 734 Tausend 819*

a) 3 100 000
420 000 540
888 500 200 000
1 500 000 000
20 350 720 000

b) 17 000 000 300 000
34 560 200 012
5 070 350 000 040
62 000 000 303
84 120 000 249 066

4. Schreibe in Ziffern.

a) 5 Millionen
723 Milliarden
18 Billionen
222 Millionen
804 Tausend

b) 49 Millionen 702 Tausend
3 Billionen 14 Milliarden
620 Milliarden 30 Millionen
7 Milliarden 880 Millionen
10 Millionen 35 Tausend

c) 4 Billionen 3 Millionen 2 Tausend
9 Milliarden 121 Millionen 835
17 Millionen 652 Tausend 21
75 Milliarden 9 Millionen 645
509 Milliarden 40 Tausend 17

Natürliche Zahlen – Rechnen mit großen Zahlen

1. Ergänze jede Zahl auf 1 Million. Notiere wie im Beispiel.
Beispiel: *750 000 : 750 000 + 250 000 = 1 000 000*

a)	150 000	570 000	363 000	740 900	467 300
b)	999 888	11 999	222 222	100 100	555 010

2. Ergänze jede Zahl auf 1 Milliarde.

a)	280 000 000	907 000 000	480 400 000
b)	500 708 000	300 600 900	19 200 000

3. Ergänze jede Zahl auf 1 Billion.

a)	980 520 000 000	60 480 000 000	907 000 000
b)	499 093 000 000	719 500 000 000	209 100 000

4. Berechne die Zahlen.

a) Addiere die kleinste zehnstellige Zahl und die kleinste siebenstellige Zahl.

b) Addiere zu einer Billion die kleinste zehnstellige Zahl.

c) Addiere die größte sechsstellige Zahl und die kleinste fünfstellige Zahl.

d) Addiere zur kleinsten fünfstelligen Zahl die größte fünfstellige Zahl.

e) Berechne das Doppelte von Fünfhundert Millionen.

f) Subtrahiere von der kleinsten siebenstelligen die kleinste fünfstellige Zahl.

g) Subtrahiere von einer Milliarde die größte fünfstellige Zahl.

h) Subtrahiere von der größten neunstelligen die größte achtstellige Zahl.

i) Subtrahiere von der kleinsten siebenstelligen Zahl eine Million.

j) Berechne die Hälfte von einer Million.

Ergebnisse: 0; 109 999; 500 000; 990 000; 1 009 999; 900 000 000; 999 900 001; 1 000 000 000; 1 001 000 000; 1 001 000 000 000

5. Vergleiche die großen Zahlen. Setze „ist kleiner als" (<) oder „ist größer als" (>) ein.

a)	1 000 500 000	☐	1 000 050 000	d)	9 454 398 455	☐	9 464 398 455
b)	3 750 000 900	☐	37 500 000 900	e)	16 509 450 086	☐	16 509 450 068
c)	98 000 999 089	☐	89 099 089 000	f)	26 000 465 546	☐	26 000 465 556

Zur Kontrolle: 3 mal <; 3 mal >

6. Ein einfacher Taschenrechner kann genau 8 Stellen anzeigen. Notiere die größte natürliche Zahl, die du eingeben kannst. Wie heißt die größte Zahl, wenn der Taschenrechner 12 Stellen anzeigen kann?

7. Die größten Inseln sind Grönland mit einer Fläche von 2 176 000 km^2, Neuguinea mit 772 000 km^2 und Borneo mit 737 000 km^2. Welche Fläche haben die 3 größten Inseln zusammen?

8. In der Astronomie bezeichnet man mit einem Lichtjahr die Strecke, die das Licht in einem Jahr zurücklegt. Berechne die Strecke in km.
Hinweis: Die Lichtgeschwindigkeit beträgt rund 300 000 km in einer Sekunde. Ein Jahr hat 31 536 000 Sekunden.

9. Welchen Gesamtbetrag ergeben 54 000 Zehn-Euroscheine und 72 000 Einhundert-Euroscheine?

Ergebnisse (ohne Einheiten) : 3 685 000; 7 740 000; 9 999 999; 99 999 999; 999 999 999 999; 9 460 800 000 000 – 1 Zahl ist zu viel!

Zahlen runden

Bei den Ziffern **0 1 2 3 4 rundest du ab.**
Bei den Ziffern **5 6 7 8 9 rundest du auf.**

Beispiele: 548 27**1** auf Zehner gerundet: *548 270*
548 2**7**6 auf Hunderter gerundet: *548 300*
548 **2**76 auf Tausender gerundet: *548 000*

Die fett gedruckte Ziffer gibt an, ob auf- oder abgerundet wird.

1. Runde die Zahlen:

a) auf Zehner

87: ______ 2356: ______
94: ______ 123: ______
705: ______ 7041: ______
1292: ______ 13 699: ______
889: ______ 7634: ______

b) auf Hunderter

2861: ______
34 504: ______
453 099: ______
3 147 638: ______
562 086: ______

c) auf Tausender

2309: ______
947: ______
347 835: ______
12 510: ______
95 647: ______

2. Verwende für die gerundeten Zahlen das Zeichen ≈ (gerundet, angenähert).

a) Runde auf die angegebene Einheit.

11 m 87 cm ≈ ______ m
5 t 298 kg ______ t
6 m^2 21 dm^2 ______ m^2
47 kg 86 g ______ kg
3 € 49 Cent ______ €

b) Runde die Einwohnerzahlen auf Millionen.

Berlin: 3 470 000 Einwohner ≈ ______
Rom: 2 775 000 Einwohner ______
Paris: 2 175 000 Einwohner ______
Athen: 3 027 000 Einwohner ______
Moskau: 8 802 000 Einwohner ______

3. Entscheide, ob du auf- oder abrunden musst und trage in die Tabelle richtig ein.

a) Runde auf Hunderter.

Zahl	abgerundet	aufgerundet
16 787		
39 809		
71 564		
328 710		

b) Runde auf Tausender.

Zahl	abgerundet	aufgerundet
1 734 499		
53 112 666		
7 904 588		
12 580 089		

Zur Kontrolle: In jeder Tabelle muss 2 mal ab- und 2 mal aufgerundet eingetragen sein.

4. Welche Zahlen wurden auf Zehner, welche auf Hunderter und welche auf Tausender gerundet? Trage alle Zahlen in die Tabelle. In jeder Spalte müssen 3 Zahlen stehen.

Gerundete Zahlen	auf Zehner gerundet	auf Hunderter gerundet	auf Tausender gerundet
691 000; 570; 76 900			
8200; 861 000; 3500			
1860; 97 000; 7240			

Säulendiagramme

Zur Veranschaulichung von Zahlenwerten kannst du **waagerechte oder senkrechte Säulen** in ein Achsensystem – wie bei den folgenden Aufgaben – zeichnen.

Die Zahlenwerte werden zur Darstellung häufig **gerundet.**

1. Das Säulendiagramm stellt die verschiedenen Wuchshöhen von Bäumen dar. An der Hochachse sind die Höhen der Bäume in m abgetragen. Lies die Höhen der einzelnen Bäume im Diagramm ab und notiere sie in deinem Heft.

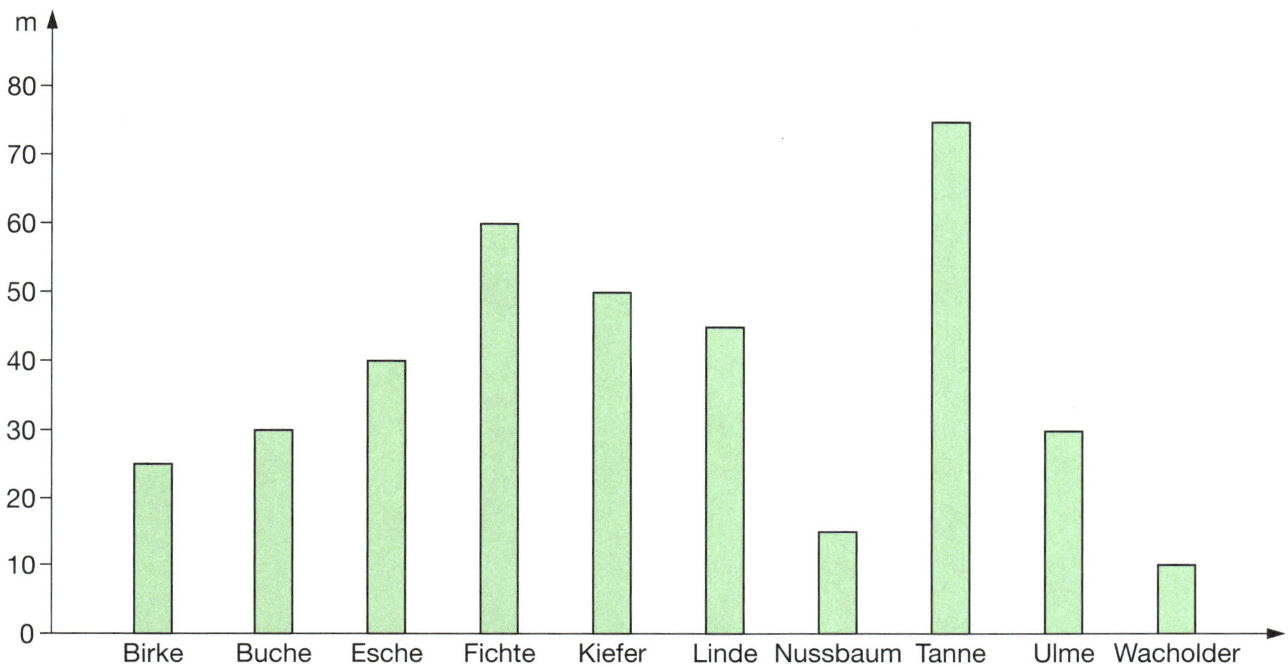

2. Im Säulendiagramm sind verschiedene Höchstgeschwindigkeiten von Tieren dargestellt. Trage die Namen der Tiere in die Säulen.

Tier	Falke	Fledermaus	Libelle	Maikäfer	Mörderwal	Pferd	Segelfisch	Gepard
Geschwindigkeit	140 $\frac{km}{h}$	50 $\frac{km}{h}$	40 $\frac{km}{h}$	10 $\frac{km}{h}$	65 $\frac{km}{h}$	70 $\frac{km}{h}$	90 $\frac{km}{h}$	120 $\frac{km}{h}$

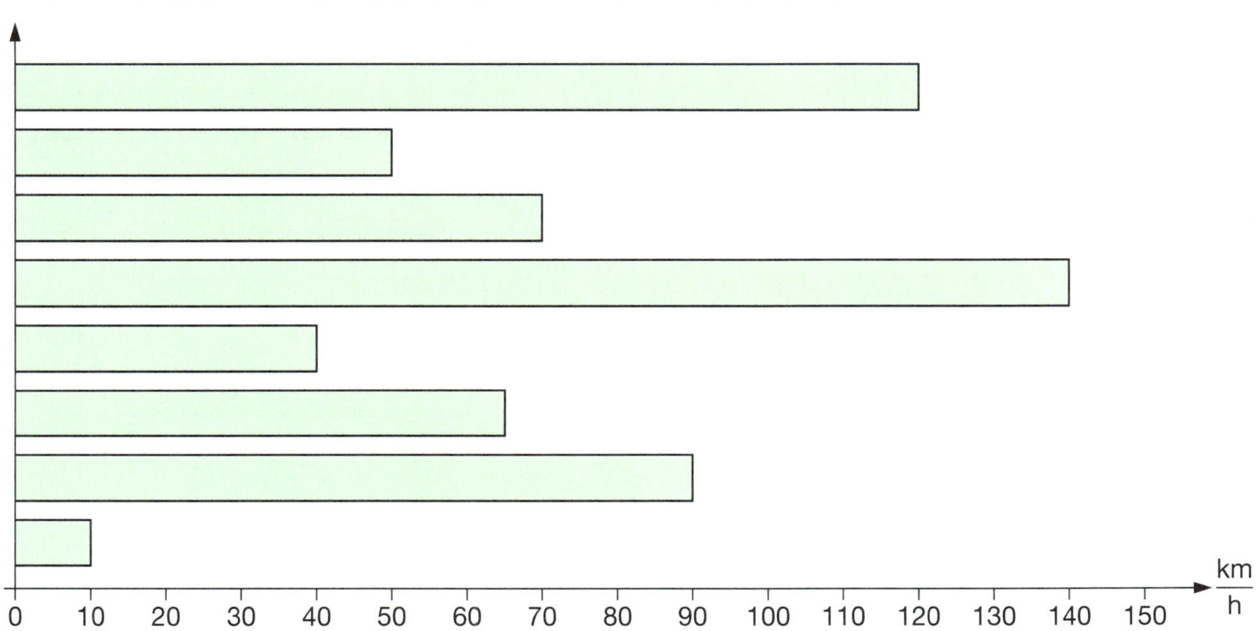

1. Veranschauliche die Höhen folgender Berge in einem Säulendiagramm. Runde dazu die Zahlen auf Hunderter – zeichne 1 cm für 200 m Berghöhe.

Berg	Brocken	Feldberg	Schneeberg	Meißner	Nebelhorn	Wasserkuppe	Zugspitze
Höhe	1142 m	1493 m	1053 m	754 m	2224 m	950 m	2963 m

2. Zeichne ein Säulendiagramm zur Veranschaulichung der Weltbevölkerung. In Afrika leben etwa 877 Millionen, in Amerika 848 Millionen, in Asien 3 Milliarden 544 Millionen, in Europa 513 Millionen, in der ehemaligen UdSSR 315 Millionen und in Australien etwa 30 Millionen. Runde die Bevölkerungsangaben auf 100 Millionen. Zeichne 1 cm für 500 Millionen Bewohner (2 mm für 100 Millionen Bewohner).

3. Stelle die Ergebnisse einer Verkehrszählung in einem Säulendiagramm grafisch dar. Runde auf Zehner und zeichne 1 cm für 100 Fahrzeuge.

Fahrzeuge	Anzahl
Lkw / Busse	297
Pkw	546
Motorräder / Motorroller	102
Mofas	151
Fahrräder	349

4. Stelle die Größe und das Gewicht der Tiere in deinem Heft graphisch dar.

a) Zeichne ein Diagramm für die Größe.

b) Zeichne ein Diagramm für das Gewicht.

Tiere	Größe	Gewicht
Biber	100 cm	30 kg
Dachs	75 cm	20 kg
Fuchs	90 cm	7 kg
Reh	130 cm	25 kg
Wolf	130 cm	45 kg

5. Notiere den Pkw-Bestand für die drei dargestellten Länder.

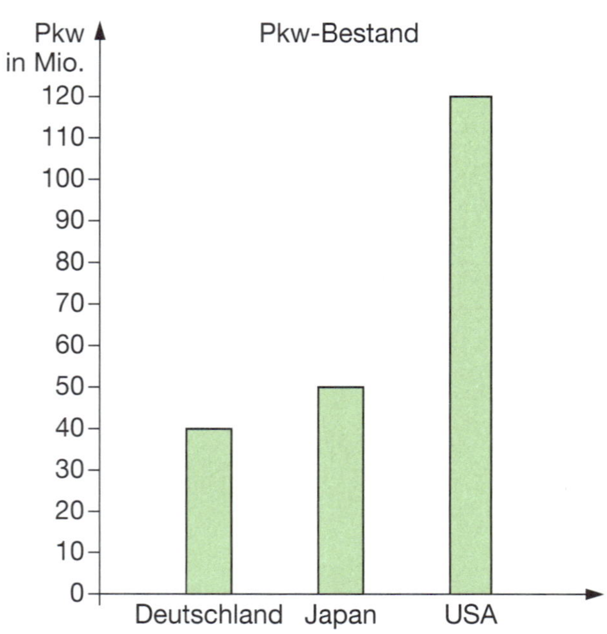

6. Lies den durchschnittlichen Benzinverbrauch in den angegebenen Jahren ab.

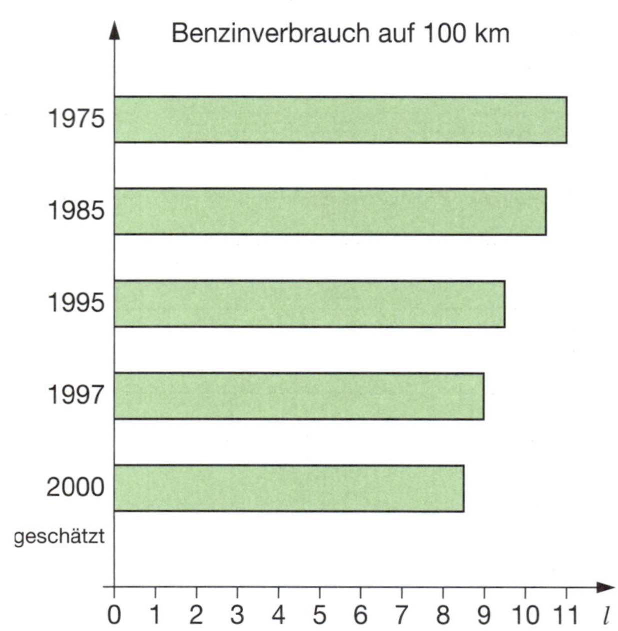

Zahlenfolgen

Regelmäßig angeordnete Zahlen nennt man Zahlenfolgen. Dabei kannst du eine **Regel** angeben, nach der die Zahlen aufeinander folgen.

Beispiele:	Regel:
0, 5, 10, 15, 20, 25, …	+ 5
4, 12, 36, 108, 324, …	· 3

1. Ergänze die Zahlenfolgen um drei Zahlen und gib jeweils die Regel an.

	Regel		Regel
a) 1, 2, 3, 4, ___, ___, ___, …	________	d) 11, 22, 33, 44, ___, ___, ___, …	________
b) 2, 4, 6, 8, ___, ___, ___, …	________	e) 24, 21, 18, 15, ___, ___, ___, …	________
c) 1, 2, 4, 8, ___, ___, ___, …	________	f) 0, 5, 10, 15, ___, ___, ___, …	________

2. Übertrage die Zahlenfolgen in dein Heft und notiere die nächsten drei Zahlen. Schreibe zu jeder Zahlenfolge die Regel.

a) 27, 29, 31, 33, …
b) 65, 78, 91, 104, …
c) 152, 144, 136, 128, …
d) 96, 112, 128, 144, …
e) 200, 175, 150, 125, …
f) 5, 20, 80, 320, …
g) 1440, 720, 360, …
h) 8, 24, 72, 216, …
i) 2, 20, 200, …
j) 2187, 729, 243, 81,…
k) 27, 36, 45, 54, …
l) 470, 460, 450, …
m) 800 000, 80 000, 8000, …
n) 24, 48, 96, …
o) 110, 132, 154, …

3. Ergänze die Zahlenfolgen um je zwei Zahlen nach links und nach rechts.

a) …, …, 45, 60, 75, …, …
b) …, …, 9, 7, 5, …, …
c) …, …, 27, 81, 243, …, …
d) …, …, 50, 60, 70, …, …
e) …, …, 32, 33, 34, …, …
f) …, …, 61, 51, 41, …, …
g) …, …, 66, 60, 54, …, …
h) …, …, 25,125, 625, …, …
i) .. , …, 20, 15, 10, …, …
j) …, …, 20, 29, 38, …, …

4. Schreibe die nächsten fünf Glieder (= Zahlen) einer Zahlenfolge auf, die nach der Regel + 7 gebildet wird und mit der Zahl 25 beginnt.

5. Bei einer Zahlenfolge sind die Zahlen 48, 64 und 80 drei aufeinander folgende Zahlen. Wie heißen die drei Zahlen der Zahlenfolge, die vor 48 stehen?

6. Die Zahlenfolge beginnt mit den Zahlen 1, 2, 4 und 8. Wie lautet das zehnte Glied der Zahlenfolge?

7. Ergänze die fehlenden Glieder in den Zahlenfolgen.

a) 136, ___, 142, 145, ___, 151, ___, 157
b) 11, ___, 99, 297, ___, ___, 8019
c) 221, ___, ___, 272, 289, ___, 323
d) 420, ___, 332, 288, ___, ___, 156

Bei der **Addition** musst du die Zahlen stellengerecht untereinander schreiben.

Beispiel: 537 + 73 + 1024

```
   537
+   73
+ 1024
------
  1634
```

Die Zahlen der Aufgabe heißen **Summanden**.
Das Ergebnis einer Addition heißt **Summe**.

1. Addiere.

1. Summand	4875	23	379	517	2367	4286	509	8765	5040
2. Summand	367	4645	5042	4157	891	623	4099	732	628
Summe									

Ergebnisse: 3258; 4608; 4668; 4674; 4909; 5242; 5421; 5668; 9497

2. Berechne die Summe von 5328 und 2752.

3. Addiere die Summanden 3765 und 4012.

4. Addiere.

1. Summand	2548	254	98	6378	597	459	4015	1089	784
2. Summand	56	1782	895	54	1295	4208	56	398	43
3. Summand	946	56	4763	734	43	84	496	57	3050
Summe									

Ergebnisse: 1544; 1935; 2092; 3550; 3877; 4567; 4751; 5756; 7166

5. Schreibe die Zahlen in deinem Heft stellengerecht untereinander und addiere.

a) 3510 + 74 + 2253
b) 1106 + 563 + 3597
c) 535 + 2851 + 461
d) 2635 + 420 + 2844
e) 3245 + 612 + 3641
f) 1571 + 718 + 1215
g) 2807 + 667 + 1790
h) 3081 + 868 + 1345
i) 668 + 53 + 2666
j) 3164 + 536 + 3585
k) 2264 + 363 + 3298
l) 94 + 655 + 3478

Ergebnisse: 3387; 3504; 3847; 4227; 5264; 5266; 5294; 5837; 5899; 5925; 7285; 7498

6. Schreibe die Zahlen in deinem Heft stellengerecht untereinander und addiere.

a) 145 + 1485 + 62 + 3290
b) 83 + 317 + 3135 + 870
c) 90 + 8 + 3669 + 190
d) 3487 + 962 + 3874 + 880
e) 2916 + 48 + 1742 + 145
f) 988 + 3 + 371 + 1778
g) 2488 + 513 + 2059 + 303
h) 1444 + 642 + 3434 + 650
i) 829 + 2536 + 104 + 84
j) 3990 + 618 + 1661 + 497
k) 2761 + 275 + 1028 + 634
l) 2471 + 137 + 3219 + 482

Ergebnisse: 3140; 3553; 3957; 4405; 4698; 4851; 4982; 5363; 6170; 6309; 6766; 9203

7. Bei den letzen drei Heimspielen hatte der FC Waldfrieden 611, 2048 und 1221 Zuschauer. Wie viele Zuschauer waren es insgesamt?

8. An einem Wochenende kamen am Samstag 5754 Besucher und am Sonntag 7456 Besucher zu einer Gewerbeschau. Wie viele Personen kamen insgesamt?

1. Addiere die Zahlen in den Spalten und Zeilen. Die Kontrollzahl ist die Summe deiner Ergebnisse.

158	6598	12	
2597	22	589	
149	8795	9	
55	8974	895	
489	22	5694	
			35 058

364	4	9888	692	
297	2572	703	5818	
392	8051	95	775	
90	2429	300	8894	
755	1764	803	4361	
				49 047

Ergebnisse: 1898; 3208; 3448; 6205; 6768; 7199; 7683; 8953; 9313; 9390; 9924; 10 948; 11 713; 14 820; 11 789; 20 540; 24 411

2. Schreibe stellengerecht untereinander und addiere.

a) 1282 + 718 + 1294 + 289 + 1011 + 98

b) 95 + 537 + 1564 + 804 + 1994 + 72

c) 583 + 1809 + 42 + 983 + 1116 + 230

d) 418 + 1600 + 155 + 62 + 4 + 64

e) 134 + 1002 + 428 + 1433 + 444 + 1708

f) 996 + 46 + 1276 + 324 + 1338 + 695

Ergebnisse: 2303; 4675; 4692; 4763; 5066; 5149

3. Ein Heizölhändler verkauft an einem Tag nacheinander 4235 l, 6250 l, 3230 l, 1450 l, 12345 l und 850 l Heizöl. Wie viel Liter hat er insgesamt verkauft?

4. Ein Vertreter hatte in der letzten Woche folgende tägliche Kilometerleistungen: 435 km, 1211 km, 85 km, 539 km und 1005 km. Wie viel km ist er insgesamt gefahren?

5. Addiere die Zahlen in den Spalten und Zeilen. Die Kontrollzahl ist die Summe deiner Ergebnisse.

677	1127	410	–	–	–	–	–	
1748	455	55	1964	491	–	–	–	
21	725	1976	9	929	–	–	–	
1141	373	1891	66	228	1056	503	742	
1764	447	83	1499	–	–	–	–	
1672	405	1917	622	–	–	–	–	
373	1409	204	1982	537	83	1183	–	
								30 767

Ergebnisse: 742; 1139; 1686; 2185; 2214; 3660; 3793; 4616; 4713; 4941; 5771; 6000; 6142; 6536; 7396

6. Rechne vorteilhaft – wie im Beispiel:
Beispiel: ***589 + 1411*** *+ 1548 =* ***2000*** *+ 1548 = 3548*

a) 2344 + 1656 + 611

b) 389 + 2611 + 45

c) 12 + 3288 + 1712

d) 1447 + 553 + 307

e) 665 + 2335 + 55

f) 1225 + 775 + 361

g) 56 + 3111 + 889

h) 701 + 1299 + 351

i) 75 + 1225 + 2775

j) 673 + 67 + 1327

k) 7 + 1234 + 766

l) 543 + 67 + 457

Ergebnisse: 1067; 2007; 2067; 2307; 2351; 2361; 3045; 3055; 4056; 4075; 4611; 5012

Bei der **Subtraktion** musst du die Zahlen stellengerecht untereinander schreiben.

Beispiel: 2537 – 73 – 1224

```
  2537
–   73
– 1224
  1634
```

Die erste Zahl heißt **Minuend**, die weiteren **Subtrahenden**. Das Ergebnis einer Subtraktion heißt **Differenz**.

1. Subtrahiere.

Minuend	2158	2573	3015	1553	2195	3106	2635	3914	1851
Subtrahend	409	703	2113	183	420	937	628	1919	92
Differenz									

Ergebnisse: 902; 1370; 1749; 1759; 1775; 1870; 1995; 2007; 2169

2. Subtrahiere.

Minuend	2598	4587	3659	3014	2058	3694	2598	4875	4895
Subtrahend	368	2489	758	1894	578	1025	891	618	1677
Subtrahend	1894	455	1858	89	1337	547	1008	2086	892
Differenz									

Ergebnisse: 143; 336; 699; 1031; 1043; 1643; 2122; 2171; 2326

3. Schreibe stellengerecht untereinander und subtrahiere.

a) 3865 – 2417 – 953
b) 3206 – 596 – 51
c) 2141 – 38 – 1446
d) 3656 – 36 – 1786
e) 3973 – 1982 – 790
f) 3323 – 2136 – 641
g) 3426 – 554 – 41
h) 3536 – 1467 – 997
i) 3940 – 1983 – 7
j) 3664 – 1016 – 94
k) 3531 – 2349 – 705
l) 2897 – 31 – 625

Ergebnisse: 477; 495; 546; 657; 1072; 1201; 1834; 1950; 2241; 2554; 2559; 2831

4. Frau Meyer verdient 3357,– €. Sie hat folgende feste Ausgaben: 878,– € Miete, 253,– € Energiekosten und 321,– € Versicherungen. Wie viel € bleiben ihr übrig?

5. Ein Fußballverein kann pro Spiel 32 550 Karten verkaufen. Die Vorverkaufsstellen haben 1235 Karten, 2771 Karten, 11 035 Karten und 5441 verkauft. Wie viele Karten stehen für den Verkauf im Stadion noch zur Verfügung?

6. Schreibe stellengerecht untereinander und subtrahiere.

a) 3466 – 596 – 1071 – 309
b) 3786 – 1661 – 536 – 15
c) 3772 – 2134 – 298 – 1243
d) 3664 – 2301 – 35 – 847
e) 3881 – 40 – 5 – 1253
f) 2859 – 93 – 2102 – 521

g) 3919 – 1751 – 220 – 1568
h) 3876 – 1761 – 619 – 19
i) 2433 – 1227 – 892 – 68
j) 3625 – 750 – 2000 – 521
k) 3004 – 296 – 1453 – 402
l) 4298 – 1932 – 380 – 72

Ergebnisse: 97; 143; 246; 354; 380; 481; 853; 1477; 1490; 1574; 1914; 2583

1. Subtrahiere die untereinander stehenden Zahlen.

5624	5297	5894	5861	9645	9874	8942	8742	2597	4879
– 89	– 52	– 236	– 1259	– 2587	– 25	– 265	– 1458	– 25	– 25
– 747	– 597	– 56	– 56	– 268	– 658	– 218	– 56	– 148	– 657
– 2057	– 1269	– 1874	– 654	– 14	– 2654	– 26	– 569	– 1689	– 2597

Ergebnisse: 735; 1600; 2731; 3379; 3728; 3892; 6537; 6659; 6776; 8433

2. Schreibe stellengerecht untereinander und subtrahiere.

a) 4576 – 705 – 1408 – 505 – 1382
b) 5718 – 307 – 64 – 1459 – 807
c) 3083 – 774 – 1416 – 586 – 69
d) 4460 – 1053 – 328 – 1409 – 981
e) 6433 – 1047 – 13 – 828 – 1399
f) 2470 – 1477 – 27 – 815 – 41
g) 5348 – 122 – 1351 – 280 – 1177
h) 4506 – 143 – 1153 – 437 – 47
i) 3760 – 1115 – 117 – 1467 – 4
j) 5066 – 868 – 1032 – 639 – 1426

Ergebnisse: 110; 238; 576; 689; 1057; 1101; 2418; 2726; 3081; 3146

Die Subtraktion ist die Umkehrrechnung der Addition.
Die Addition ist die Umkehrrechnung der Subtraktion.

79 + 65 = 144   144 – 65 = 79   134 – 66 = 68   68 + 66 = 134
144 – 79 = 65

3. Bestimme die fehlenden Zahlen.

Summand	157	387		401		73			421	509
Summand	567		249		501	487	31	101	66	
Summe		765	651	670	842		598	750		800

Ergebnisse: 269; 291; 341; 378; 402; 487; 560; 567; 649; 724

4. Bestimme die fehlenden Zahlen.

Minuend	749	629		610	835		547		698	934
Subtrahend	52		583	265		207		336		673
Differenz		170	57		309	511	181	274	77	

Ergebnisse: 76, 261, 345, 366, 459, 610, 621, 640, 697, 718

5. Bestimme die fehlenden Glieder.

a) ______ – 27 = 536
b) 859 – ______ = 612
c) ______ + 239 = 282
d) ______ + 46 = 223
e) 253 – ______ = 143
f) 124 + 6 = ______
g) 497 – 96 = ______
h) ______ + 149 = 381
i) 648 – ______ = 538
j) ______ + 235 = 424
k) 24 + 4 = ______
l) ______ – 137 = 139
m) ______ + 229 = 255
n) 892 – 3 = ______
o) 146 + 273 = ______
p) ______ – 266 = 6
q) ______ + 140 = 234
r) ______ – 32 = 409

Ergebnisse: 26; 28; 43; 94; 110; 110; 130; 177; 189; 232; 247; 272; 276; 401; 419; 441; 563; 889

1. Schreibe stellengerecht untereinander und berechne.

a) 31 + 842 + 64 + 1804

b) 270 + 1885 + 530 + 1003

c) 1761 + 868 + 1207 + 83

d) 4082 – 25 – 992 – 90

e) 1296 + 683 + 1501 + 991

f) 4866 – 263 – 1025 – 8

g) 499 + 1407 + 334 + 1478

h) 1020 + 244 + 1250 + 572

i) 2660 – 1818 – 155 – 99

j) 142 + 1021 + 360 + 1293

k) 2756 – 332 – 43 – 1273

l) 1961 + 75 + 1419 + 201

m) 2786 – 396 – 1378 – 311

n) 321 + 98 + 538 + 1779

o) 658 + 1829 + 123 + 1697

p) 878 + 1744 + 648 + 1308

Ergebnisse: 588; 701; 1108; 2736; 2741; 2816; 2975; 3086; 3570; 3656; 3688; 3718; 3919; 4307; 4471; 4578

2. Bestimme die Summe der Zahlen 768, 9234 und 3555.

3. Wie groß ist die Differenz zwischen 5036 und 3045?

4. Subtrahiere von der Zahl 4057 die Zahl 2154.

5. Subtrahiere von 6578 die Zahlen 345 und 1034.

6. Addiere die Zahlen, die in einer Zeile und in einer Spalte stehen.

589	26	5897	12	5	894	1052	4222	11	
1089	458	44	7810	52	2069	257	845	58	
1248	597	21	569	82	1052	204	2048	78	
789	5214	17	891	2050	410	268	4578	25	
25	894	1045	45	4298	25	237	16	789	
125	487	924	2489	48	752	11	7	897	
									58 645

Ergebnisse: 1858; 2029; 3865; 5202; 5740; 5899; 6535; 7374; 7676; 7948; 11 716; 11 816; 12 682; 12 708; 14 242

7. Subtrahiere die Ergebnisse der Zeilen von Aufgabe 6 von 25 000.

Ergebnisse: 10 758; 12 292; 12 318; 17 626; 19 101; 19 260

8. Subtrahiere die Ergebnisse der Spalten der Aufgabe 6 von 13 455.

Ergebnisse: 9590; 5779; 5507; 1639; 6920; 8253; 11 426; 1739; 11 597

9. Schreibe stellengerecht untereinander und berechne.

a) 1621 + 606 + 1041 + 438 + 1521 + 326 + 123 + 977

b) 8126 – 1643 – 27 – 195 – 1103 – 23 – 703 – 1219

c) 157 + 1516 + 635 + 1064 + 298 + 1410 + 501 + 1317

d) 9800 – 956 – 1272 – 910 – 1609 – 547 – 1003 – 705

e) 76 + 680 + 1006 + 486 + 52 + 1210 + 538 + 1025

f) 198 + 1482 + 591 + 1255 + 670 + 81 + 1252 + 398

Ergebnisse: 2798; 3213; 5073; 5927; 6653; 6898

1. Berechne die fehlenden Zahlen.

+	81		24	91	
	45				
87					166
75		130			
		75			
				120	

–		21		86	
250	111				
		283			
		255	247		
				141	
317					95

Ergebnisse: 5; 20; 28; 29; 29; 36; 44; 53; 54; 55; 60; 79; 82; 86; 88; 91; 99; 99; 101; 108; 110; 111; 111; 115; 127; 137; 139; 142; 154; 158; 164; 165; 166; 168; 178; 178; 190; 198; 206; 218; 221; 222; 227; 229; 231; 275; 276; 288; 296; 304

2. Herr Poppe zahlt auf einer Klassenfahrt 39,– € für den Museumseintritt, 325,– € für eine Tagestour, 117,– € für Getränke und 910,– € für einen Theaterbesuch. Wie hoch sind die Gesamtausgaben?

3. Für einen Musicalbesuch wurden 3960,– € eingesammelt. Der Bus kostet 1455,– €. Wie teuer sind alle Eintrittskarten?

4. Berechne den Unterschied zwischen 13 456 und 6379.

5. Die Differenz zweier Zahlen beträgt 677. Die kleinere Zahl heißt 3254. Wie heißt die größere Zahl?

6. Der Unterschied zweier Zahlen beträgt 937. Die größere Zahl heißt 4321. Wie heißt die kleinere Zahl?

7. Die Summe zweier Zahlen beträgt 5555. Ein Summand heißt 2756. Wie heißt der andere Summand?

8. Bei einer Verkehrskontrolle waren 653 Fahrzeuge ohne Beanstandungen. 134 Fahrzeuge hatten kleinere Mängel und 73 Fahrzeuge größere Mängel aufzuweisen. Wie viele Fahrzeuge wurden kontrolliert?

9. Eine Schule bestellt 231 Biologiebücher, 17 Geschichtsbücher, 83 Mathematikbücher, 127 Sprachbücher und 55 Aufgabensammlungen. Wie viele Bücher wurden insgesamt bestellt?

10. Ein Musical hat im Laufe einer Woche folgende Besucherzahlen: 1320, 855, 902, 884, 1150, 663 und 1226. Wie viele Zuschauer besuchten in der Woche das Musical?

11. Für eine Urlaubsreise plant Familie Kolbow 1200,– € für Fährkosten, 350,– € für Benzinkosten, 3200,– € für Hauskosten und 2100,– € für Verpflegung ein. Welche Gesamtkosten hat Familie Kolb aufzubringen?

12. Frau Hoell liest für die Monate Januar bis Dezember folgende Verbrauchswerte für Gas ab: 542 m^3, 456 m^3, 387 m^3, 412 m^3, 246 m^3, 126 m^3, 23 m^3, 44 m^3, 231 m^3, 301 m^3, 456 m^3 und 612 m^3 ab. Wie viel Kubikmeter beträgt der Jahresverbrauch?

13. Welche Zahl muss man von 1656 subtrahieren, um 777 zu erhalten?

14. Für Reparaturmaßnahmen stehen einer Schule 19675,– € zur Verfügung. Bisher hat die Schule Rechnungen über 2340,– €, 567,– €, 83,– € und 4320,– € beglichen. Welcher Betrag steht der Schule noch zur Verfügung?

15. Der erste Summand heißt 467. Der zweite ist um 1101 größer und der dritte um 302 kleiner als der erste Summand. Bestimme die Summe.

Ergebnisse (ohne Einheiten): 513; 860; 879; 1391; 2502; 2200; 2799; 3384; 3836; 3931; 6850; 7000; 7077; 12 365

•	11	12	13	14	15	16	17	18	19	20
1	11	12	13	14	15	16	17	18	19	20
2	22	24	26	28	30	32	34	36	38	40
3	33	36	39	42	45	48	51	54	57	60
4	44	48	52	56	60	64	68	72	76	80
5	55	60	65	70	75	80	85	90	95	100
6	66	72	78	84	90	96	102	108	114	120
7	77	84	91	98	105	112	119	126	133	140
8	88	96	104	112	120	128	136	144	152	160
9	99	108	117	126	135	144	153	162	171	180
10	110	120	130	140	150	160	170	180	190	200

•	11	12	13	14	15	16	17	18	19	20
1										
2										
3										
4										
5										
6										
7										
8										
9										
10										

1. Übungen zum Erlernen oder Festigen des Großen 1 x 1.

a) Benutze die Tabelle für häufige Übungen:
- zeige auf ein freies Feld schreibe die Aufgabe auf und notiere die Lösung,
- zeige auf ein freies Feld sage oder notiere sofort das Ergebnis.

Eine Kontrolle ist mit der Tabelle oben möglich.

b) Übertrage die Tabelle in dein Heft. Beginne etwa in der Mitte der Tabelle und löse dann die benachbarten Aufgaben! Berechne alle Aufgaben und trage die Ergebnisse ein.

c) Übung mit Kärtchen: Notiere alle Aufgaben des Großen 1 x 1 auf kleinen Kärtchen. Schreibe auf die Rückseiten die Ergebnisse.

2. Übe besonders die Multiplikationsreihen der 13, 14, 16, 17, 18 und 19.
Multipliziere vorteilhaft: Beispiel: *$8 \cdot 17 = 8 \cdot 10 + 8 \cdot 7 = 80 + 56 = 136$*
Übe die Aufgaben mehrfach, indem du die Ergebnisse abdeckst.

·	13	17	19
3			
8			
4			

·	18	16	14
6			
9			
7			

·	14	18	16
4			
3			
8			

·	19	13	17
7			
9			
6			

Multiplikationsaufgabe:

612	·	48	=	29 376
Faktor		**Faktor**		**Produkt**

612 · 48 wird als **Produkt aus den Zahlen 612 und 48** bezeichnet.

Tipp: Führe immer eine Überschlagsrechnung durch, um dein Ergebnis zu überprüfen.

Für die Beispielaufgabe müsstest du rechnen:

600 · 50 = 30 000

1. Multipliziere vorteilhaft. Beispiel: *257 · 100 = 25 700*

a) 243 · 100 = ____	d) 10 · 1000 = ____	g) 9710 · 10 = ____	j) 10 · 1600 = ____
b) 10 · 160 = ____	e) 154 · 10 = ____	h) 100 · 333 = ____	k) 150 · 100 = ____
c) 8 · 1000 = ____	f) 10 000 · 8 = ____	i) 1000 · 60 = ____	l) 100 · 340 = ____

Ergebnisse: 1540; 1600; 8000; 10 000; 15 000; 16 000; 24 300; 33 300; 34 000; 45 000; 60 000; 80 000; 97 100 – 1 Zahl ist zu viel!

2. Multipliziere vorteilhaft. Beispiel: *1800 · 40 = 72 000*

a) 120 · 50 = ____	f) 40 · 140 = ____	k) 250 · 40 = ____	p) 500 · 16 = ____
b) 1800 · 3 = ____	g) 160 · 70 = ____	l) 80 · 110 = ____	q) 13 · 300 = ____
c) 80 · 150 = ____	h) 200 · 16 = ____	m) 1300 · 6 = ____	r) 90 · 180 = ____
d) 1700 · 7 = ____	i) 13 · 400 = ____	n) 125 · 80 = ____	s) 160 · 80 = ____
e) 190 · 40 = ____	j) 1500 · 9 = ____	o) 80 · 170 = ____	t) 800 · 14 = ____

Ergebnisse: 3200; 3900; 5200; 5400; 5600; 6000; 7600; 7800; 8000: 8800; 10 000; 10 000; 10 800; 11 200; 11 200; 11 900; 12 000; 12 800; 13 500; 13 600; 16 200 – 1 Zahl ist zu viel!

3. Multipliziere 14, 16, 17, 18 und 19 mit

a) 4	b) 6	c) 3	d) 8	e) 7	f) 9
g) 5	h) 10	i) 15	j) 20	k) 11	l) 12

Zur Kontrolle: (a–h): Große 1x1 Tabelle Seite 14.
Ergebnisse (i–l): 154; 168; 176; 187; 192; 198; 204; 209; 210; 216; 228; 240; 255; 270; 280; 285; 320; 340; 360; 380

4. Multipliziere schriftlich.

a) 545 · 15	f) 665 · 69	k) 132 · 61	p) 4512 · 14
b) 12 · 618	g) 503 · 906	l) 832 · 8	q) 7 · 3375
c) 31 · 365	h) 241 · 42	m) 945 · 50	r) 32 · 1069
d) 1324 · 6	i) 948 · 174	n) 62 · 723	s) 5650 · 23
e) 8 · 2023	j) 8 · 3427	o) 2 · 3104	t) 61 · 2226

Ergebnisse: 6208; 6656; 7416; 7944; 8052; 8175; 10 122; 11 315; 16 184; 23 625; 27 416; 34 208; 44 826; 45 885; 47 250; 63 168; 129 950; 135 786; 145 603; 164 952; 455 718 – 1 Zahl ist zu viel!

5. Multipliziere schriftlich.

a) 23 456 · 123	d) 54 852 · 1002	g) 5437 · 342	j) 8354 · 7064
b) 1214 · 9312	e) 171 · 52 378	h) 7404 · 7562	k) 100 · 26 378
c) 632 · 52 346	f) 2761 · 6016	i) 426 · 8349	l) 2081 · 5941

Ergebnisse: 1 859 454; 2 637 800; 12 363 221; 2 885 088; 3 556 674; 55 989 048; 59 012 656; 8 956 638; 11 304 768; 16 6101 76; 26 161 176; 33 082 672; 54 961 704 – 1 Zahl ist zu viel!

1. Multipliziere – notiere gleich das Ergebnis.

a) 13 · 80 = ____	f) 140 · 9 = ____	k) 150 · 40 = ____	p) 16 · 600 = ____
b) 65 · 12 = ____	g) 300 · 16 = ____	l) 80 · 170 = ____	q) 110 · 50 = ____
c) 18 · 600 = ____	h) 12 · 800 = ____	m) 190 · 70 = ____	r) 150 · 200 = ____
d) 450 · 20 = ____	i) 180 · 40 = ____	n) 8 · 125 = ____	s) 25 · 800 = ____
e) 9 · 150 = ____	j) 60 · 130 = ____	o) 65 · 200 = ____	t) 500 · 37 = ____

Ergebnisse: 780; 1000; 1040; 1260; 1350; 4800; 5500; 6000; 7200; 7800; 9000; 9600; 9600; 10 800; 13 000; 13 300; 13 600; 18 500; 19 600; 20 000; 30 000 – 1 Zahl ist zu viel!

2. Multipliziere.

a) 150 · 30 = ____	f) 700 · 16 = ____	k) 120 · 50 = ____	p) 40 · 125 = ____
b) 70 · 110 = ____	g) 13 · 800 = ____	l) 1800 · 3 = ____	q) 13 · 700 = ____
c) 1300 · 5 = ____	h) 160 · 30 = ____	m) 30 · 190 = ____	r) 600 · 15 = ____
d) 160 · 80 = ____	i) 700 · 90 = ____	n) 2500 · 4 = ____	s) 10 · 432 = ____
e) 40 · 140 = ____	j) 14 · 200 = ____	o) 190 · 40 = ____	t) 1600 · 9 = ____

Ergebnisse: 2800; 4320; 4500; 4800; 5000; 5400; 5600; 5700; 6000; 6500; 7600; 7700; 9000; 9100; 10 000; 10 400; 11 200; 12 800; 14 400; 24 000; 63 000 – 1 Zahl ist zu viel!

3. Führe eine Überschlagsrechnung durch und zeichne einen Pfeil zum genauen Ergebnis.

a)		b)		c)	
77 · 98 =	1408	57 · 48 =	996	308 · 32 =	4796
15 · 403 =	3875	12 · 83 =	1596	52 · 137 =	5544
62 · 88 =	5456	21 · 76 =	2736	252 · 22 =	7124
125 · 31 =	6045	102 · 61 =	3852	436 · 11 =	8648
11 · 128 =	7546	18 · 214 =	6222	23 · 376 =	9856

4. Multipliziere schriftlich.

a) 463 · 382	f) 370 · 7456
b) 23 481 · 3	g) 4122 · 629
c) 6 · 74 336	h) 73 · 21 534
d) 82 · 2304	i) 8629 · 108
e) 5678 · 56	j) 24 · 80 125

Ergebnisse: 70 443; 80 560; 176 866; 188 928; 317 968; 446 016; 931 932; 1 571 982; 1 923 000; 2 592 738; 2 758 720 – 1 Zahl ist zu viel!

5. Multipliziere.

a) 234 · 5 = ____	f) 8 · 214 = ____	k) 250 · 60 = ____	p) 534 · 80 = ____
b) 870 · 3 = ____	g) 605 · 2 = ____	l) 80 · 724 = ____	q) 100 · 89 = ____
c) 9 · 135 = ____	h) 283 · 7 = ____	m) 2410 · 3 = ____	r) 20 · 418 = ____
d) 872 · 6 = ____	i) 3 · 431 = ____	n) 723 · 70 = ____	s) 161 · 60 = ____
e) 193 · 7 = ____	j) 514 · 9 = ____	o) 2512 · 4 = ____	t) 397 · 30 = ____

Ergebnisse: 1170; 1210; 1215; 1293; 1351; 1712; 1981; 2610; 4626; 5232; 7230; 8360; 8900; 9660; 10 048; 11 910; 12 910; 15 000; 42 720; 50 610; 57 920 – 1 Zahl ist zu viel!

Divisionsaufgabe:

1819	:	17	=	107
Dividend		**Divisor**		**Quotient**

Tipp: Führe immer eine Überschlagsrechnung durch, um dein Ergebnis zu überprüfen.

Für die Beispielsaufgabe müsstest du rechnen:

1700 : 17 = 100

1. Zeichne die Lösungspfeile. Diese Aufgaben kannst du im Kopf rechnen, wenn du dein Einmaleins sicher beherrschst.

3400 : 17 =	90
550 : 5 =	1200
24 000 : 12 =	200
1080 : 12 =	110
7200 : 6 =	2000

1440 : 16 =	505
7200 : 18 =	610
10 200 : 17 =	400
5490 : 9 =	90
3535 : 7 =	600

666 : 6 =	1110
546 : 6 =	43
336 : 8 =	111
4440 : 4 =	42
516 : 12 =	91

2. Dividiere schriftlich.

a) 756 : 9
b) 2052 : 6
c) 3290 : 7
d) 1632 : 6
e) 3294 : 9
f) 1575 : 7
g) 1287 : 9
h) 1536 : 6
i) 1304 : 8
j) 2826 : 6
k) 14 684 : 4
l) 17 024 : 8
m) 15 900 : 6
n) 14 665 : 7
o) 19 656 : 4
p) 24 906 : 7
q) 31 835 : 5
r) 27 304 : 4
s) 49 734 : 6
t) 34 497 : 9

Ergebnisse: 84; 143; 163; 225; 256; 272; 342; 366; 470; 471; 2095; 2128; 2650; 3558; 3671; 3833; 4914; 6367; 6826; 8289

3. Dividiere schriftlich.

a) 11 690 : 70
b) 17 220 : 60
c) 20 320 : 80
d) 13 550 : 50
e) 29 430 : 90
f) 15 680 : 70
g) 14 880 : 60
h) 29 760 : 80
i) 9350 : 50
j) 6240 : 60
k) 17 640 : 70
l) 26 340 : 60
m) 14 250 : 50
n) 16 310 : 70
o) 1840 : 80
p) 3660 : 60
q) 5850 : 90
r) 32 130 : 90
s) 7040 : 80
t) 28 630 : 70

Ergebnisse: 23; 61; 65; 88; 104; 167; 187; 224; 233; 248; 252; 254; 271; 285; 287; 327; 357; 372; 409; 439

4. Dividiere schriftlich. Achte auf die Nullen im Ergebnis. (Mache einen Überschlag)

a) 53 500 : 50
b) 107 100 : 63
c) 261 950 : 65
d) 235 470 : 47
e) 66 231 : 33
f) 142 600 : 23
g) 72 450 : 35
h) 150 500 : 25
i) 16 254 : 27
j) 232 174 : 58
k) 2898 : 14
l) 126 840 : 42
m) 12 382 : 41
n) 224 400 : 44
o) 8 500 : 50
p) 216 144 : 72
q) 7657 : 19
r) 11 220 : 22
s) 223 200 : 31
t) 11 022 : 22
u) 130 260 : 26
v) 140 028 : 28
w) 19 656 : 28
x) 245 700 : 35

Ergebnisse: 170; 207; 302; 403; 501; 510; 602; 702; 1070; 1700; 2007; 2070; 3002; 3020; 4003; 4030; 5001; 5010; 5010; 5100; 6020; 6200; 7020; 7200

1. Dividiere.

a) 62 334 : 18
b) 33 660 : 22
c) 43 290 : 15
d) 82 170 : 11
e) 39 714 : 6
f) 75 984 : 12

g) 41 760 : 15
h) 98 070 : 14
i) 98 448 : 21
j) 1639 : 11
k) 36 288 : 14
l) 4184 : 8

m) 52 806 : 13
n) 14 720 : 20
o) 24 378 : 17
p) 71 292 : 13
q) 26 148 : 12
r) 51 177 : 7

s) 87 384 : 12
t) 59 848 : 8
u) 35 756 : 14
v) 1470 : 14
w) 83 275 : 25
x) 80 064 : 12

Ergebnisse: 105; 149; 523; 736; 1434; 1530; 2179; 2554; 2592; 2784; 2886; 3331; 3463; 4062; 4688; 5484; 6332; 6619; 6672; 7005; 7282; 7311; 7470; 7481

Die Division ist die Umkehrrechnung der Multiplikation.
Die Multiplikation ist die Umkehrrechnung der Division.

132 : 6 = 22   22 · 6 = 132   14 · 26 = 364   364 : 26 = 14
6 · 22 = 132   364 : 14 = 26

2. Berechne die fehlenden Zahlen.

·	12	19		11	
	84				
12					96
8			112		
			308		
				165	

:		8		16	
96	16				
		30			
		66	44		
				18	
768					32

Ergebnisse: 4; 6; 6; 7; 8; 8; 10; 12; 12; 12; 14; 15; 15; 20; 22; 22; 24; 24; 33; 36; 40; 48; 48; 56; 64; 64; 77; 88; 88; 96; 96; 98; 120; 128; 132; 133; 144; 152; 168; 176; 180; 185; 210; 228; 240; 242; 264; 288; 418; 528

3. Dividiere. Es bleibt ein Rest.

a) 21 509 : 8
b) 22 668 : 11
c) 12 907 : 8
d) 26 483 : 12
e) 593 : 12
f) 26 460 : 22

g) 25 433 : 9
h) 24 954 : 17
i) 6 554 : 22
j) 19 586 : 16
k) 8725 : 14
l) 11 884 : 15

m) 811 : 15
n) 4265 : 23
o) 17 917 : 17
p) 10 500 : 22
q) 25 047 : 13
r) 22 548 : 22

s) 20 610 : 23
t) 941 : 18
u) 7153 : 8
v) 25 189 : 21
w) 4595 : 9
x) 19 491 : 18

Ergebnisse: 52 R5; 54 R1; 185 R10; 297 R20; 477 R6; 510 R5; 623 R3; 792 R4; 894 R1; 896 R2; 1024 R20; 1053 R16; 1082 R15; 1199 R10; 1202 R16; 1224 R2; 1467 R15; 1613 R3; 1926 R9; 2060 R8; 2206 R11; 2688 R5; 2825 R8

4. Ein Fernfahrer ist an 15 Arbeitstagen insgesamt 9810 km gefahren. Wie viel Kilometer fuhr er dann durchschnittlich pro Tag?

5. Eine Schule hat insgesamt 18 Klassen und 432 Schüler. Wie viele Schüler sind durchschnittlich in einer Klasse?

6. Wie groß ist der Quotient der Zahlen 24 035 und 23?

7. Wie groß ist der Dividend, wenn der Divisor 27 und der Quotient 367 ist?

Ergebnisse: 24; 654; 1045; 9909

1. Multipliziere oder dividiere.

a) 34 320 : 16
b) 846 · 121
c) 880 · 530
d) 36 800 : 20
e) 884 · 849
f) 31 424 : 16

g) 347 · 380
h) 42 080 : 20
i) 65 286 : 18
j) 486 · 972
k) 4069 : 13
l) 76 329 : 9

m) 64 456 : 8
n) 495 · 311
o) 535 · 432
p) 268 · 847
q) 435 · 199
r) 6570 : 9

s) 353 · 786
t) 7608 : 24
u) 7800 : 12
v) 494 · 879
w) 75 736 : 8
x) 981 · 553

Ergebnisse: 313; 317; 650; 730; 1840; 1964; 2104; 2145; 3627; 8057; 8481; 9467; 86 565; 102 366; 131 860; 153 945; 226 996; 231 120; 277 458; 434 226; 466 400; 472 392; 542 493; 750 516

2. Bestimme das Produkt der Zahlen 403 und 75.

3. Dividiere das Produkt der Zahlen 224 und 58 durch 16.

4. Vertreter ist in der letzten Woche durchschnittlich 258 km pro Tag gefahren. Wie viel Kilometer waren das insgesamt bei 5 Arbeitstagen?

5. Nach einer Klassenfahrt bleibt ein Restbetrag von 611,– € für 47 Kinder. Wie viel bekommt jedes Kind ausgezahlt?

Ergebnisse: 13; 812; 1290; 30 225

6. Bestimme die Zahl, die in die Lücke gehört.

a) 88 · 114 = ______
b) 316 · ______ = 83 424
c) ______ · 159 = 67 575
d) 123 · 368 = ______

e) ______ · 42 = 17 808
f) 462 · ______ = 37 422
g) ______ · 201 = 53 667
h) ______ · 270 = 46 980

i) 45 · 141 = ______
j) 395 · 229 = ______
k) ______ · 190 = 36 290
l) ______ · 253 = 82 225

Ergebnisse: 81; 174; 191; 264; 267; 325; 424; 425; 6345; 10 032; 45 264; 90 455

7. Bestimme die Zahl, die in die Lücke gehört.

a) 5512 : 8 = ______
b) ______ : 18 = 602
c) 12 177 : ______ = 1107
d) 15 000 : ______ = 600

e) ______ : 11 = 874
f) ______ : 5 = 1770
g) 6560 : 8 = ______
h) ______ : 7 = 1937

i) 1680 : ______ = 105
j) ______ : 18 = 796
k) 7030 : ______ = 370
l) 3096 : ______ = 387

Ergebnisse: 8; 11; 16; 19; 25; 689; 820; 8850; 9614; 10836; 13559; 14328

8. Bestimme die Zahl, die in die Lücke gehört.

a) 21 · ______ = 441
b) 11 900 : 14 = ______
c) 21 · 11 = ______
d) ______ · 21 = 462

e) ______ : 17 = 2134
f) 29 · ______ = 754
g) 8960 : ______ = 640
h) 52 728 : ______ = 4394

i) 22 · ______ = 330
j) 24 472 : 19 = ______
k) ______ : 12 = 3467
l) ______ · 13 = 364

Ergebnisse: 12; 14; 15; 21; 22; 26; 28; 231; 850; 1288; 36 278; 41 604

1. Eins und null in Rechenaufgaben – und Aufgaben mit auffälligen Ergebnissen.

a) 54 · 0 = ______	f) 1 · 110 = ______	k) 784 · 0 = ______	p) 55 + 56 = ______
b) 67 : 67 = ______	g) 211 + 11 = ______	l) 80 : 80 = ______	q) 444 · 5 = ______
c) 22 · 1 = ______	h) 0 : 2 = ______	m) 37 – 37 = ______	r) 0 : 60 = ______
d) 0 · 381 = ______	i) 25 · 4 = ______	n) 405 · 5 = ______	s) 99 – 99 = ______
e) 20 – 9 = ______	j) 660 : 3 = ______	o) 909 + 91 = ______	t) 125 · 80 = ______

Ergebnisse: 0; 0; 0; 0; 0; 0; 0; 1; 1; 11; 22; 100; 110; 111; 220; 222; 1000; 2025; 2220; 2222; 10 000 – 1 Zahl ist zu viel!

- Wenn du eine Zahl **mit null multiplizierst**, erhältst du null.
- Wenn du **null durch eine Zahl dividierst**, erhältst du ebenfalls null.
- Wenn **bei der Division Dividend und Divisor gleich sind**, erhältst du stets eins.

Durch null darfst du **nicht dividieren.** ~~10 : 0 =~~

2. Addiere und subtrahiere große Zahlen.

a) 3125 + 8045 = ______	f) 47 640 – 560 = ______	k) 330 900 + 90 = ______
b) 9000 – 2560 = ______	g) 6006 + 3536 = ______	l) 6666 – 4444 = ______
c) 7777 + 333 = ______	h) 8570 – 8570 = ______	m) 235 + 2345 = ______
d) 1270 + 6500 = ______	i) 10 120 + 480 = ______	n) 7254 – 5254 = ______
e) 84 000 – 480 = ______	j) 536 + 74 130 = ______	o) 7100 + 2900 = ______

Ergebnisse: 0; 1500; 2000; 2222; 2580; 6440; 7770; 8110; 9542; 10 000; 10 600; 11 170; 47 080; 74 666; 83 520; 330 990 – 1 Zahl ist zu viel!

3. Multipliziere und dividiere mit großen Zahlen.

a) 4 · 25 000 = ______	f) 12 500 · 8 = ______	k) 0 : 70 000 = ______
b) 7000 · 160 = ______	g) 10 400 : 130 = ______	l) 4500 · 200 = ______
c) 12 000 : 400 = ______	h) 1400 · 60 = ______	m) 3000 · 800 = ______
d) 9500 · 300 = ______	i) 990 000 : 11 = ______	n) 5600 : 5600 = ______
e) 28 000 : 70 = ______	j) 70 000 : 200 = ______	o) 108 · 2000 = ______

Ergebnisse: 0; 1; 10; 30; 80; 350; 400; 84 000; 90 000; 100 000; 100 000; 216 000; 900 000; 1 120 000; 2 400 000; 2 850 000 – 1 Zahl ist zu viel!

4. Multipliziere oder dividiere schriftlich.

a) 1456 · 23	f) 33 561 : 27	k) 3475 · 432	p) 15 238 : 38
b) 5412 : 41	g) 231 · 5807	l) 21 616 : 56	q) 992 · 61 503
c) 484 · 851	h) 28 836 : 12	m) 743 · 6243	r) 534 · 58 078
d) 8245 : 85	i) 5112 · 422	n) 34 560 : 72	s) 11 799 : 69
e) 8072 · 47	j) 601 · 5001	o) 2344 · 567	t) 7208 · 5112

Ergebnisse: 97; 123; 132; 171; 386; 401; 480; 1243; 2403; 33 488; 379 384; 411 884; 1 329 048; 1 341 417; 1 501 200; 2 157 264; 3 005 601; 4 638 549; 31 013 652; 36 847 296; 61 010 976 – 1 Zahl ist zu viel!

1. Berechne im Kopf.

a)

+	65	121	808	313	546
125					
156					
324					
1050					
452					

–	80	150	65	84	232
330					
1200					
505					
750					
2002					

Ergebnisse: 98; 180; 190; 221; 246; 246; 250; 265; 273; 277; 355; 389; 421; 425; 438; 440; 445; 469; 517; 518; 573; 600; 637; 666; 670; 671; 685; 702; 765; 870; 933; 964; 968; 998; 1050; 1115; 1116; 1120; 1132; 1135; 1171; 1260; 1363; 1596; 1770; 1852; 1858; 1918; 1922; 1937

b)

·	15	20	7	50	11
12					
8					
17					
90					
22					

:	6	2	15	3	5
120					
810					
600					
180					
1680					

Ergebnisse: 8; 12; 20; 24; 30; 36; 40; 40; 54; 56; 60; 60; 84; 88; 90; 100; 112; 119; 120; 120; 132; 135; 154; 160; 162; 180; 187; 200; 240; 242; 255; 270; 280; 300; 330; 336; 340; 400; 405; 440; 560; 600; 630; 840; 850; 990; 1100; 1350; 1800; 4500

2. Berechne die Summe, wenn die Summanden 3483 und 7327 lauten.

3. Bestimme die Differenz. Der Minuend beträgt 12 400 und der Subtrahend 2065.

4. Wie lautet der Minuend, wenn der Subtrahend 1085 lautet und die Differenz 9745 beträgt?

5. Berechne das Produkt aus den Faktoren 392 und 28. Notiere zunächst eine Überschlagsrechnung.

6. Berechne den Quotienten, wenn der Dividend 1 Million 200 Tausend und der Divisor 1250 beträgt.

7. Bilde aus den Zahlen 808 und 101 zunächst die Summe und dann das Produkt.

Ergebnisse: 909; 960; 10335; 10810; 10830; 10976; 81608

8. Vergleiche die Ergebnisse. Setze „ist kleiner als“ (<) oder „ist größer als“ (>) ein.

a)	225 : 25 + 111	☐	112 · 23 – 1376	d)	470 – 230 + 620	☐	660 + 840 – 620
b)	1780 + 780 + 80	☐	2950 – 950 – 95	e)	40 · 25 · 3	☐	90 000 : 15 : 3
c)	4 · 125 · 16	☐	5400 : 9 + 6000	f)	8600 : 20 + 570	☐	2400 – 1230 + 30

Zur Kontrolle: 3 mal < ; 3 mal >

1. Berechne die fehlenden Zahlen.

a) Zwei benachbarte Zahlen werden addiert.

	204		
270		98	118

b) Von zwei benachbarten Zahlen wird die kleinere von der größeren subtrahiert.

3270			
	2840	1140	510

Zur Kontrolle: Die obersten Zahlen der beiden Pyramiden ergeben zusammen 1500.

2. Setze die fehlenden Zahlen ein.

a) 17 · ___ = 850
b) ___ + 158 = 206
c) 90 : ___ = 6
d) 49 · 8 = ___
e) 83 – ___ = 12
f) 92 + ___ = 161
g) ___ · 60 = 1080
h) 126 : ___ = 9
i) 102 – 57 = ___
j) 11 · ___ = 121
k) 1000 : ___ = 125
l) ___ – 27 = 250
m) 250 · ___ = 1250
n) 100 : ___ = 25
o) ___ + 64 = 125

Ergebnisse: 4; 5; 8; 11; 14; 15; 18; 45; 48; 50; 61; 69; 71; 277; 365; 392 – 1 Zahl ist zu viel!

3. Löse das Rätsel.

1	2			3	4	5
			6			
		7		8		
	9					
10		11				12
13					14	
15				16		

waagerecht →

1. 16 · 8
3. 357 – 92
7. 1149 : 3
9. 220 · 75
11. 196 + 212
13. 162 : 6
14. 5 · 11
15. 124 + 397
16. 526 : 2

senkrecht ↓

1. 7 · 25
2. 120 : 5
4. 488 : 8
5. 281 + 264
6. 5 · 3701
7. 91 · 4
8. 572 – 264
10. 1000 : 8
12. 483 – 330

4. Setze die fehlenden Rechenzeichen ein.

a) 100 ___ 25 = 4
b) 85 ___ 47 = 38
c) 738 ___ 123 = 6
d) 42 ___ 7 = 294
e) 8 ___ 12 = 20
f) 576 ___ 576 = 0
g) 117 ___ 9 = 13
h) 1 ___ 98 = 98
i) 50 ___ 50 = 100
j) 0 ___ 82 = 0
k) 888 ___ 111 = 777
l) 370 ___ 30 = 400
m) 61 ___ 61 = 1
n) 8 ___ 7 = 56
o) 250 ___ 0 = 0
p) 315 ___ 15 = 21

Zur Kontrolle: 5 mal ·, 5 mal :, 3 mal + und 3 mal –

Römische Zahlen

Grundzahlen:	**I**	**X**	**C**	**M**
	1	10	100	1000
Zwischenzahlen:	**V**	**L**	**D**	
	5	50	500	

Die **Regeln** zur Bildung römischer Zahlen:

- Gleiche Ziffern nebeneinander werden addiert – höchstens drei Grundzahlen dürfen nebeneinander stehen.
- Kleinere Ziffern rechts von größeren Ziffern werden addiert – kleinere Ziffern links von größeren Ziffern werden subtrahiert – Zwischenzahlen dürfen nicht subtrahiert werden.
- Die Grundzahlen I, X und C dürfen nur von der nächsthöheren Zwischen- oder Grundzahl subtrahiert werden.

Beispiele: **II** = 2; **XI** = 11; **IV** = 4; **XLIII** = 43
CL = 150; **XC** = 90; **MDC** = 1600

1. Schreibe mit römischen Zahlzeichen.
a) die Zahlen von 1 bis 10
b) die Zahlen von 11 bis 20
c) die Seitenzahl dieser Seite
d) die Zehnerzahlen von 10 – 100
e) die Hunderterzahlen von 100 – 1000
f) die 1x1 Reihe der 12

2. Notiere in römischen Zahlzeichen.

a) 33 = ______	b) 84 = ______	c) 103 = ______	d) 460 = ______
25 = ______	65 = ______	111 = ______	212 = ______
59 = ______	47 = ______	99 = ______	528 = ______
76 = ______	78 = ______	132 = ______	720 = ______
41 = ______	92 = ______	127 = ______	666 = ______

Ergebnisse: XXV; XXXIII; XLI; XLVII; LIX; LXV; LXXVI; LXXVIII; LXXXIV; XCII; XCIX; CIII; CXI; CXXVII; CXXXII; CCXII; CDLX; DXXVIII; DCLXVI; DCCXX

3. Übersetze in unsere Zahlenschreibweise.

a) XIV = ______	b) XLIV = ______	c) CCCLXV = ______	d) DCCCLI = ______
XVII = ______	LII = ______	CXXVI = ______	MDCLVII = ______
VIII = ______	LXXI = ______	CCXC = ______	MCCXIV = ______
XXI = ______	XXXI = ______	CDXCIII = ______	MMLXXIII = ______
XVI = ______	XXIII = ______	DCVIII = ______	MCCCIX = ______

Ergebnisse: 8; 14; 16; 17; 21; 23; 31; 44; 52; 71; 126; 290; 365; 493; 608; 851; 1214; 1309; 1657; 2073

4. Notiere in deinem Heft in römischen Zahlzeichen.
a) den Vorgänger und den Nachfolger von CXLIV
b) die Jahreszahl 1999
c) die nächsten drei Glieder der Zahlenfolge: X, XII, XIV, XVI, . . .
d) Welches römische Zahlzeichen steht am Rathaus, das 1878 erbaut wurde?
e) An einem Schloss steht die römische Zahl für 1765.
f) Schreibe dein Geburtsjahr.

Ergebnisse: XVIII; XX; XXII; CXLIII; CXLV; MDCCLXV; MDCCCLXXVIII; MCMXCIX

Das Zweiersystem

Das Stellenwertsystem, bei dem die natürlichen Zahlen nur mit zwei Ziffern – der 0 und der 1 – dargestellt werden, heißt Zweiersystem.

2^6	2^5	2^4	2^3	2^2	2^1	2^0	
64	32	16	8	4	2	1	im Dezimalsystem
					1	0	= 2
			1	1	0	1	8 + 4 + 1 = 13
				1	1	1	4 + 2 + 1 = 7
	1	1	0	1	0	0	32 + 16 + 4 = 52
			1	0	1	0	8 + 2 = 10

Hinweis: Die Hochzahl gibt dir an, wie oft du die 2 als Faktor auftritt. Beispiel: $2^4 = 2 \cdot 2 \cdot 2 \cdot 2 = 16$

1. Trage die Ziffern – wie im Beispiel – in die Stellenwerttafeln ein.

Zahl im Zweiersystem	2^5 (32)	2^4 (16)	2^3 (8)	2^2 (4)	2^1 (2)	2^0 (1)	Berechnung der Zahl im Zehnersystem	10^3 (1000)	10^2 (100)	10^1 (10)	10^0 (1)
Beispiel: 11011_2		1	1	0	1	1	16 + 8 + 2 + 1 = 27			2	7
1101_2											
111_2											
10100_2											
100101_2											
101010_2											
1010_2											
110001_2											
101101_2											
100001_2											

Ergebnisse: 7; 10; 13; 20; 27; 33; 37; 42; 45; 49; 50 – 1 Zahl ist zu viel!

2. Schreibe die Zahlen im Dezimalsystem (Zehnersystem).

a) 1111_2 = ____
10010_2 = ____
1001_2 = ____

b) 10110_2 = ____
100001_2 = ____
101001_2 = ____

c) 101111_2 = ____
1011_2 = ____
100100_2 = ____

d) 110010_2 = ____
10000_2 = ____
111111_2 = ____

Ergebnisse: 9; 11;15; 16; 18; 22; 33; 36; 41; 47; 50; 63; 65 – 1 Zahl ist zu viel!

3. Schreibe die Dezimalzahlen im Zweiersystem.

a) 28 = ______
54 = ______
25 = ______

b) 39 = ______
40 = ______
99 = ______

c) 46 = ______
71 = ______
106 = ______

d) 116 = ______
82 = ______
127 = ______

Ergebnisse: $11\,001_2$; $11\,100_2$; $100\,111_2$; $101\,000_2$; $101\,110_2$; $110\,110_2$; $1\,000\,111_2$; $1\,010\,010_2$; $1\,100\,011_2$; $1\,101\,010_2$; $1\,110\,100_2$; $1\,111\,111_2$

Rechnen mit Klammern

- Was **in Klammern** steht, musst du **zuerst berechnen.**
- Wenn keine Klammern gesetzt sind, rechnest du **von links nach rechts.**

Beispiele:
65 – (25 + 15) = 65 – 40 = 25
4 + (42 – 18) = 4 + 24 = 28

65 – 25 + 15 = 40 + 15 = 55
4 + 42 – 18 = 46 – 18 = 28

1. Berechne in deinem Heft.

a) (44 + 65) – 73
b) 136 – (56 + 66)
c) (121 + 32) + 64
d) 88 + 66 +111
e) (94 – 15) – 40
f) 470 + 70 – 88
g) (83 + 152) + 56
h) 120 – 78 + 81
i) 220 – (66 + 72)
j) (234 – 35) – 45
k) 168 – (38 + 17)
l) 28 + 175 + 99
m) (214 – 65) – 63
n) 333 – 67 – 95
o) (360 – 89) + 42
p) (44 + 65) – 87
q) 247 – 28 + 153
r) 136 – (56 – 26)
s) 327 + 41 + 89
t) (94 – 65) + 71

Ergebnisse: 14; 22; 36; 39; 82; 86; 100; 101; 106; 113; 123; 154; 171; 217; 265; 291; 302; 313; 372; 452; 457 – 1 Zahl ist zu viel!

2. Rechne vorteilhaft – setze Klammern.

a) 67 + 274 + 26 + 73
b) 129 + 51 + 5 + 345
c) 82 + 53 + 303 + 97
d) 197 + 83 + 24 + 56
e) 75 + 288 + 32 + 325
f) 126 + 174 + 77 + 38
g) 85 + 75 + 29 + 151
h) 363 + 37 + 14 + 86
i) 217 + 82 + 68 + 108

Ergebnisse: 220; 340; 360; 415; 440; 475; 500; 530; 535; 720 – 1 Zahl ist zu viel!

3. Setze die fehlenden Klammern.

a) 138 – 62 + 53 = 23
b) 96 – 16 + 22 = 58
c) 140 – 50 – 49 = 139
d) 94 – 53 + 27 + 6 = 20
e) 71 – 11 + 14 – 32 = 14
f) 84 – 65 – 13 + 4 = 36

4. Bestimme die fehlenden Zahlen.

a) 200 – (60 + ☐) = 100
b) 40 + (☐ – 25) = 90
c) 123 – (30 + ☐) = 75
d) 150 – (70 + ☐) = 39
e) (11 + ☐) – 35 = 74
f) 43 + (18 – ☐) = 53

Ergebnisse: 8; 18; 27; 40; 41; 75; 98 – 1 Zahl ist zu viel!

5. Schreibe mit Klammern und berechne.

a) Addiere die Differenz der Zahlen 87 und 45 zur Zahl 180.
b) Addiere zur Differenz der Zahlen 88 und 44 die Summe der Zahlen 28 und 39.
c) Subtrahiere von 500 die Summe der Zahlen 220 und 225.
d) Subtrahiere von der Summe der Zahlen 67 und 76 die Zahl 55.
e) Addiere zur Summe der Zahlen 17 und 32 die Differenz der Zahlen 62 und 45.
f) Subtrahiere von der Summe der Zahlen 9 und 8 die Summe der Zahlen 4 und 2.

Ergebnisse: 11; 33; 55; 66; 88; 111; 222 – 1 Zahl ist zu viel!

Punktrechnung vor Strichrechnung

- Wenn du Aufgaben mit Punkt- und Strichrechnung löst, gilt: **Punktrechnung** geht **vor Strichrechnung.**

Beispiele: $4 \cdot 25 + 50 = 100 + 50 = 150$
$40 + 16 : 4 = 40 + 4 = 44$

- Wenn du Aufgaben mit Klammern löst, gilt: Was **in Klammern** steht, musst du **zuerst berechnen.**

Beispiele: $4 \cdot (25 + 50) = 4 \cdot 75 = 300$
$(40 + 16) : 4 = 56 : 4 = 14$

1. Berechne mit und ohne Klammer.

a) $7 + 12 \cdot 8 =$ ___	d) $5 \cdot (17 + 4) =$ ___	g) $5 + 13 \cdot 3 =$ ___	j) $11 \cdot (8 + 4) =$ ___
$(7 + 12) \cdot 8 =$ ___	$5 \cdot 17 + 4 =$ ___	$(5 + 13) \cdot 3 =$ ___	$11 \cdot 8 + 4 =$ ___
b) $(3 + 11) \cdot 4 =$ ___	e) $5 + 16 \cdot 7 =$ ___	h) $6 \cdot (3 + 18) =$ ___	k) $2 + 5 \cdot 25 =$ ___
$3 + 11 \cdot 4 =$ ___	$(5 + 16) \cdot 7 =$ ___	$6 \cdot 3 + 18 =$ ___	$(2 + 5) \cdot 25 =$ ___
c) $2 \cdot (6 + 13) =$ ___	f) $9 \cdot 15 + 8 =$ ___	i) $9 + 20 \cdot 2 =$ ___	l) $15 \cdot 4 + 7 =$ ___
$2 \cdot 6 + 13 =$ ___	$9 \cdot (15 + 8) =$ ___	$(9 + 20) \cdot 2 =$ ___	$15 \cdot (4 + 7) =$ ___

Ergebnisse: 25; 36; 38; 44; 47; 49; 54; 56; 58; 67; 89; 92; 103; 105; 117; 126; 127; 132; 143; 147; 152; 155; 165; 175; 207 – 1 Zahl ist zu viel!

2. Berechne – notiere nur das Ergebnis.

a) $300 + 12 \cdot (4 + 16) - 7 \cdot 20 =$ ___

b) $680 - 7 \cdot 40 + 16 \cdot (65 - 45) =$ ___

c) $2 \cdot (23 + 21) + (88 - 28) : 5 =$ ___

d) $(56 + 11 \cdot 4 - 50) : 10 + 135 =$ ___

e) $214 - (8 - 6) + 136 : (13 + 4) =$ ___

Ergebnisse: 100; 140; 220; 240; 400; 720 – 1 Zahl ist zu viel!

3. Berechne in deinem Heft.

a) $16 \cdot 8 + 4 \cdot 25$	d) $18 : 9 + 8 \cdot 125$	g) $16 \cdot 5 + 140 : 5$	j) $160 : 8 + 4 \cdot 31$
b) $10 \cdot 22 - 13 \cdot 6$	e) $7 \cdot 12 - 120 : 6$	h) $11 \cdot 70 - 13 \cdot 4$	k) $91 + 4 - 19 \cdot 5$
c) $6 \cdot 17 + 12 \cdot 15$	f) $5 + 14 \cdot 5 + 25$	i) $16 \cdot 9 + 8 \cdot 25$	l) $4 \cdot 17 + 98 : 7$

Ergebnisse: 0; 64; 72; 82; 100; 108; 142; 144; 228; 282; 344; 718; 1002 – 1 Zahl ist zu viel!

4. Rechne vorteilhaft.

a) Elin verschickte 1999 12 Postsendungen. Für 6 Karten brauchte sie Briefmarken für je 1 DM und für 6 Briefe Marken zu je 3 DM. Wie viel DM musste sie bezahlen?

b) Lars kauft für seine Mitschüler 25 Malblöcke zu je 2,15 Euro und 25 Tuben Deckweiß zu je 2,85 Euro. Berechne den Gesamtbetrag.

c) Oliver verkauft auf dem Schulfest 67 Bratwürste und 56 kleine Schnitzel zu jeweils 1 Euro. Welchen Betrag muss Oliver in seiner Kasse haben?

d) Christian kauft eine Angel für 97,50 Euro und dazu eine Rolle für 64,50 Euro. Wegen des Räumungsverkaufs bekommt er beide Artikel für die Hälfte.

Ergebnisse (ohne Einheiten): 22; 24; 81; 123; 125 – 1 Zahl ist zu viel!

Vertauschungsgesetz (Kommutativgesetz)

Bei der **Addition** darfst du die **Reihenfolge der Summanden** beliebig **vertauschen.**

Das Ergebnis ändert sich dabei nicht.

Beispiele:
$$24 + 35 + 46 = 24 + 46 + 35$$
$$59 + 46 = 70 + 35$$
$$105 = 105$$

Bei der **Multiplikation** darfst du die Reihenfolge der **Faktoren** beliebig **vertauschen.**

Das Ergebnis ändert sich dabei nicht.

Beispiele: $18 \cdot 6 = 6 \cdot 18$, $108 = 108$ $\qquad$ $2 \cdot 27 \cdot 5 = 2 \cdot 5 \cdot 27$, $54 \cdot 5 = 10 \cdot 27$, $270 = 270$

1. Berechne die Summe. Rechne vorteilhaft, indem du die Summanden tauschst.

a) $35 + 123 + 25 + 87$
b) $29 + 54 + 151 + 46$
c) $72 + 253 + 38 + 97$
d) $197 + 305 + 23 + 65$
e) $79 + 178 + 32 + 231$
f) $112 + 54 + 138 + 46$
g) $346 + 76 + 84 + 124$
h) $49 + 347 + 41 + 93$
i) $116 + 33 + 114 + 67$

Ergebnisse: 270; 280; 330; 340; 350; 460; 520; 530; 590; 630 – 1 Zahl ist zu viel!

2. Rechne vorteilhaft, indem du die Faktoren tauschst.

a) $2 \cdot 23 \cdot 5 =$ ____
b) $4 \cdot 7 \cdot 25 =$ ____
c) $6 \cdot 9 \cdot 5 =$ ____
d) $8 \cdot 13 \cdot 5 =$ ____
e) $20 \cdot 9 \cdot 5 =$ ____
f) $7 \cdot 5 \cdot 40 =$ ____
g) $8 \cdot 3 \cdot 125 =$ ____
h) $250 \cdot 7 \cdot 4 =$ ____
i) $5 \cdot 7 \cdot 2 \cdot 9 =$ ____
j) $2 \cdot 67 \cdot 50 =$ ____
k) $3 \cdot 5 \cdot 8 \cdot 4 =$ ____
l) $4 \cdot 17 \cdot 75 =$ ____

Ergebnisse: 230; 270; 480; 520; 630; 700; 900; 1400; 3000; 5100; 6000; 6700; 7000 – 1 Zahl ist zu viel!

3. Multipliziere vorteilhaft und berechne wie im Beispiel: $7 \cdot 3648 = 3648 \cdot 7 = 25\,236$

a) $7 \cdot 1205 =$ ________
b) $5 \cdot 2157 =$ ________
c) $8 \cdot 1045 =$ ________
d) $9 \cdot 18\,017 =$ ________
e) $3 \cdot 47\,208 =$ ________
f) $6 \cdot 69\,005 =$ ________
g) $4 \cdot 904\,312 =$ ________
h) $5 \cdot 137\,903 =$ ________
i) $2 \cdot 486\,345 =$ ________

Ergebnisse: 8360; 8435;10785; 141624; 162153; 414030; 689515; 972690; 1345345; 3617248 – 1 Zahl ist zu viel!

4. Rechne schriftlich in deinem Heft.

a) $109 \cdot 18017$
b) $21 \cdot 548065$
c) $180613 \cdot 11$
d) $411 \cdot 72046$
e) $333 \cdot 45258$
f) $2005 \cdot 1897$

Ergebnisse: 1 963 853; 1 986 743; 3 803 485; 3 806 285; 11 509 365; 15 070 914; 29 610 906 – 1 Zahl ist zu viel!

5. Rechne vorteilhaft. Setze „ist kleiner als" (<) oder „ist größer als" (>) ein.

a) $28 + 13 + 2$ □ $19 + 7 + 21$
b) $4 \cdot 36 \cdot 5$ □ $2 \cdot 63 \cdot 5$
c) $77 + 19 + 23$ □ $54 + 24 + 46$
d) $6 \cdot 30 \cdot 5$ □ $4 \cdot 40 \cdot 5$
e) $61 + 17 + 9$ □ $68 + 20 + 2$
f) $9 \cdot 20 \cdot 8$ □ $40 \cdot 7 \cdot 5$
g) $5 \cdot 27 \cdot 4$ □ $25 \cdot 7 \cdot 4$
h) $8 \cdot 6 \cdot 25$ □ $18 \cdot 8 \cdot 5$
i) $125 \cdot 2 \cdot 8$ □ $980 + 900 + 20$

Zur Kontrolle: 4 mal < ; 5 mal >

Verbindungsgesetz (Assoziativgesetz)

Bei der **Addition** darfst du beliebig **Klammern setzen.**

Das Ergebnis ändert sich dabei nicht.

Beispiel:

$$(25 + 45) + 55 = 25 + (45 + 55)$$
$$70 + 55 = 25 + 100$$
$$125 = 125$$

Bei der **Multiplikation** darfst du **Faktoren beliebig zusammenfassen.** Das Ergebnis ändert sich dabei nicht.

Beispiel:

$$(7 \cdot 12) \cdot 5 = 7 \cdot (12 \cdot 5)$$
$$84 \cdot 5 = 7 \cdot 60$$
$$420 = 420$$

1. Setze vorteilhaft Klammern und berechne.

a) 74 + 362 + 28 = ______ d) 47 + 317 + 213 = ______ g) 377 + 123 + 340 = ______

b) 815 + 45 + 24 = ______ e) 264 + 46 + 130 = ______ h) 208 + 312 + 134 = ______

c) 124 + 633 + 7 = ______ f) 53 + 142 + 208 = ______ i) 315 + 189 + 111 = ______

Ergebnisse: 403; 440; 464; 577; 615; 620; 654; 764; 840; 884 – 1 Zahl ist zu viel!

2. Rechne vorteilhaft. Setze „ist kleiner als" (<) oder „ist größer als" (>) ein.

a) 80 + 740 + 260 ☐ 630 + 370 + 50 c) 620 + 180 + 20 ☐ 550 + 250 + 90

b) 38 + 362 + 185 ☐ 444 + 53 + 107 d) 294 + 321 + 79 ☐ 64 + 136 + 432

Zur Kontrolle: 2 mal < ; 2 mal >

3. Rechne vorteilhaft. Setze „ist kleiner als" (<) oder „ist größer als" (>) ein.

a) 15 · 8 · 7 ☐ 4 · 7 · 25 c) 6 · 19 · 5 ☐ 7 · 18 · 5 e) 5 · 40 · 7 ☐ 5 · 38 · 4

b) 2 · 74 · 5 ☐ 6 · 15 · 8 d) 16 · 5 · 8 ☐ 3 · 25 · 8 f) 17 · 6 · 5 ☐ 3 · 4 · 75

Zur Kontrolle: 2 mal < ; 4 mal >

4. Fasse vorteilhaft zusammen und berechne.

a) 125 · 543 · 8 · 45 · 2

b) 285 + 3452 + 261 + 115 + 1548

c) 475 · 4 · 250 · 35 · 4

d) 3375 + 4248 + 45 762 + 2625

e) 8 · 25 · 563 · 4 · 125

Ergebnisse: 5661; 56 010; 32 815 000; 48 870 000; 56 300 000; 66 500 000 – 1 Zahl ist zu viel!

5. Rechne vorteilhaft, indem du die Faktoren tauschst und geschickt zusammenfasst.

a) 20 · 5 · 62 = ______ d) 125 · 8 · 47 = ______ g) 250 · 4 · 13 = ______

b) 4 · 25 · 37 = ______ e) 61 · 50 · 20 = ______ h) 75 · 8 · 25 = ______

c) 19 · 5 · 16 = ______ f) 82 · 25 · 40 = ______ i) 7 · 125 · 16 = ______

Ergebnisse: 1520; 3700; 6200; 13 000; 14 000; 15 000; 20 000; 47 000; 61 000; 82 000 – 1 Zahl ist zu viel!

Verteilungsgesetz (Distributivgesetz)

Wenn du eine Summe oder Differenz mit einer Zahl multiplizierst, so musst du jedes Glied der Summe oder Differenz mit der Zahl multiplizieren.

Beispiele:

$(3 + 5) \cdot \mathbf{20} = \mathbf{3} \cdot 20 + \mathbf{5} \cdot 20 = 60 + 100 = 160$

$15 \cdot \mathbf{4} + 15 \cdot \mathbf{6} = 15 \cdot \mathbf{(4 + 6)} = 15 \cdot \mathbf{10} = 150$

$(100 - 7) \cdot \mathbf{9} = \mathbf{100} \cdot 9 - \mathbf{7} \cdot 9 = 900 - 63 = 837$

$17 \cdot \mathbf{106} - 17 \cdot \mathbf{6} = 17 \cdot \mathbf{(106 - 6)} = 17 \cdot 100 = 1700$

1. Rechne vorteilhaft. Beispiel: *$7 \cdot 96 + 7 \cdot 4 = 7 \cdot (96 + 4) = 7 \cdot 100 = 700$*

a) $4 \cdot 92 + 4 \cdot 8 =$ ______ d) $6 \cdot 3 + 6 \cdot 97 =$ ______ g) $7 \cdot 91 + 7 \cdot 9 =$ ______

b) $9 \cdot 97 + 9 \cdot 3 =$ ______ e) $12 \cdot 99 + 12 \cdot 1 =$ ______ h) $3 \cdot 13 + 3 \cdot 87 =$ ______

c) $8 \cdot 94 + 8 \cdot 6 =$ ______ f) $5 \cdot 14 + 5 \cdot 86 =$ ______ i) $2 \cdot 12 + 2 \cdot 88 =$ ______

Ergebnisse: 100; 200; 300; 400; 500; 600; 700; 800; 900; 1200 – 1 Zahl ist zu viel!

2. Rechne vorteilhaft.

a) $92 \cdot 66 + 8 \cdot 66 =$ ______ g) $108 \cdot 29 - 8 \cdot 29 =$ ______

b) $83 \cdot 24 + 17 \cdot 24 =$ ______ h) $19 \cdot 40 + 19 \cdot 60 =$ ______

c) $16 \cdot 108 - 16 \cdot 8 =$ ______ i) $116 \cdot 54 - 16 \cdot 54 =$ ______

d) $48 \cdot 113 - 48 \cdot 13 =$ ______ j) $19 \cdot 17 + 81 \cdot 17 =$ ______

e) $90 \cdot 93 + 90 \cdot 7 =$ ______ k) $104 \cdot 22 - 4 \cdot 22 =$ ______

f) $31 \cdot 106 - 31 \cdot 6 =$ ______ l) $73 \cdot 45 + 27 \cdot 45 =$ ______

Ergebnisse: 1600; 1700; 1900; 2200; 2400; 2900; 3100; 4500; 4800; 5400; 6600; 9000

3. Zerlege nach dem Verteilungsgesetz und berechne.
Beispiel: *$8 \cdot 47 = 8 \cdot (40 + 7) = 8 \cdot 40 + 8 \cdot 7 = 320 + 56 = 376$*

a) $4 \cdot 53$ b) $8 \cdot 62$ c) $6 \cdot 48$ d) $64 \cdot 3$ e) $5 \cdot 76$ f) $47 \cdot 9$ g) $73 \cdot 8$

Ergebnisse: 192; 212; 288; 380; 423; 496; 584; 624 – 1 Zahl ist zu viel!

4. Zerlege nach dem Verteilungsgesetz und berechne.
Beispiel: *$7 \cdot 298 = 7 \cdot (300 - 2) = 7 \cdot 300 - 2 \cdot 7 = 2100 - 14 = 2086$*

a) $8 \cdot 196$ b) $3 \cdot 897$ c) $498 \cdot 4$ d) $694 \cdot 6$ e) $5 \cdot 792$ f) $489 \cdot 7$ g) $793 \cdot 9$

Ergebnisse: 1568; 1992; 2691; 3423; 3960; 4164; 7137; 7237 – 1 Zahl ist zu viel!

5. Rechne vorteilhaft mit dem Distributivgesetz.

a) Für eine Zirkusvorstellung zahlen 215 Jungen und 235 Mädchen je 5 €. Berechne die Gesamteinnahmen.

b) Bei einer Geburtstagsfeier bezahlt Familie Schön für 7 Kinder je 5,80 € für das Essen und je 2,20 € für das Getränk. Wie viel € gibt die Familie insgesamt aus?

c) Berechne mit Hilfe des Verteilungsgesetzes: das Produkt aus 98 und 65 und das Produkt aus 7 und 792.

d) Herr Moh fährt täglich 16 km zur Arbeit. Der Rückweg führt über eine kürzere Verbindung von nur 14 km. Welche Strecke legt er an 5 Arbeitstagen insgesamt zurück?

Ergebnisse (ohne Einheiten): 55; 56; 91; 150; 2250; 5544; 6370 – 1 Zahl ist zu viel!

1. Berechne von links nach rechts – berücksichtige den Vorrang von Klammern!

a) 83 + 47 + 150 + 22
b) 109 + 66 + 34 + 11
c) 54 + 202 + 46 + 98
d) 192 – 52 – (24 + 76)
e) 192 – (52 – 24) + 76
f) (192 – 52) – 24 + 76
g) 251 – 45 + 32 – 22
h) 251 – (45 + 32) – 22
i) 251 – (45 + 32 – 22)

Ergebnisse: 40; 152; 176; 192; 196; 216; 220; 240; 302; 400 – 1 Zahl ist zu viel!

2. Rechne vorteilhaft.

a) 81 + 46 + 64 + 19 = ______
b) 38 + 67 + 53 + 42 = ______
c) 96 + 41 + 4 + 89 = ______
d) 63 + 72 + 28 + 7 = ______
e) 45 + 9 + 55 + 81 = ______
f) 74 + 33 + 6 + 47 = ______

Ergebnisse: 150; 160; 170; 190; 200; 210; 230 – 1 Zahl ist zu viel!

3. Multipliziere vorteilhaft.

a) 12 · 70 · 5 = ______
b) 40 · 25 · 8 = ______
c) 75 · 2 · 12 = ______
d) 25 · 84 · 4 = ______
e) 73 · 50 · 2 = ______
f) 8 · 6 · 125 = ______

Ergebnisse: 1800; 4200; 5000; 6000; 7300; 8000; 8400 – 1 Zahl ist zu viel!

4. Beachte: Punktrechnung vor Strichrechnung!

a) 6 · 16 + 4 · 13 = ______
b) 18 · 5 + 12 · 8 = ______
c) 94 – 3 · 20 – 17 = ______
d) 9 · 14 + 3 · 17 = ______
e) 12 + 8 · 14 – 19 = ______
f) 8 + 24 : 6 – 11 = ______
g) 120 : 4 + 7 · 9 = ______
h) 15 · 9 – 13 · 5 = ______
i) 61 – 68 : 17 + 3 = ______

Ergebnisse: 1; 17; 50; 60; 70; 93; 105; 148; 177; 186 – 1 Zahl ist zu viel!

5. Rechne vorteilhaft.

a) 25 · 4 · 25 = ______
b) 18 · 3 · 50 = ______
c) 7 · 10 · 15 = ______
d) 8 · 23 · 125 = ______
e) 250 · 31 · 4 = ______
f) 50 · 55 · 40 = ______
g) 2 · 56 · 5 · 25 · 8 = ______
h) 125 · 60 · 8 · 3 = ______
i) 11 · 4 · 40 · 25 · 5 = ______

Ergebnisse: 1050; 2500; 2700; 23 000; 31000; 110 000; 112 000; 180 000; 200 000; 220 000 – 1 Zahl ist zu viel!

6. Zerlege nach dem Verteilungsgesetz und berechne vorteilhaft.
Beispiel: *9 · 54 = 9 · (50 + 4) =* ***450 + 36*** *= 486*

a) 8 · 73 = ______
b) 7 · 43 = ______
c) 63 · 6 = ______
d) 5 · 88 = ______
e) 92 · 6 = ______
f) 9 · 84 = ______
g) 7 · 56 = ______
h) 81 · 6 = ______
i) 4 · 93 = ______

Ergebnisse: 301; 322; 372; 378; 392; 440; 486; 552; 584; 756 – 1 Zahl ist zu viel!

7. Rechne vorteilhaft.
Beispiel: *6 · 194 = 6 · (200 – 6) =* ***1200 – 36*** *= 1164*

a) 8 · 196 = ______
b) 278 · 7 = ______
c) 6 · 299 = ______
d) 8 · 288 = ______
e) 5 · 187 = ______
f) 893 · 9 = ______
g) 378 · 4 = ______
h) 6 · 493 = ______
i) 191 · 7 = ______

Ergebnisse: 935; 1337; 1512; 1456; 1568; 1794; 1946; 2304; 2958; 8037 – 1 Zahl ist zu viel!

Eine **Aussage** ist ein Satz, der entweder **wahr** (w) oder **falsch** (f) ist.

Beispiele:

Der Mond ist ein Planet.	**(w)**	$31 + 56 = 87$	**(w)**
Jeder Ball ist aus Leder.	**(f)**	$67 - 42 = 55$	**(f)**
Hallo Peter!	**(keine Aussage)**	$6 \cdot 8$	**(keine Aussage)**

1. Entscheide, ob die Aussage wahr oder falsch ist.

	w	f
a) Deutschland gehört zu Europa.		
b) Hamburg liegt an der Weser.		
c) Nur Schiffe aus Holz können schwimmen.		
d) Wenn die Sonne scheint, kann es nicht regnen.		
e) Ein Skatspiel hat 32 Karten.		
f) 99 ist die kleinste zweistellige Zahl.		
g) 112 ist das Doppelte von 56.		
h) Jedes Fahrrad hat eine Fünfgangschaltung.		
i) Winterreifen kann man auch im Sommer fahren.		
j) Das Auto ist das sicherste Verkehrsmittel.		
k) Jeder PC hat eine Festplatte.		
l) Jedes Auto hat eine Klimaanlage.		

	w	f
m) $177 - 63 + 51 = 165$		
n) $6 \cdot 8 + 5 = 53$		
o) $7 + 3 \cdot 9 = 90$		
p) $120 : 15 = 6$		
q) $99 + 33 - 122 = 0$		

Ergebnisse: 7 wahre Aussagen und 10 falsche Aussagen

2. Entscheide, ob die Aussage wahr oder falsch ist.

a) $7 \cdot 13 < 112$
b) $23 + 66 = 89$
c) $155 : 3 = 55$
d) $5 \cdot 13 - 55 = 10$
e) $165 > 7 \cdot 23$
f) $41 + 67 < 3 + 7 \cdot 12$
g) $155 - 64 = 7 \cdot 13$
h) $116 + 12 = 200 - 72$
i) $34 + 71 + 85 = 200$
j) $3 \cdot 22 = 11 \cdot 6$
k) $4 \cdot 19 > 80$
l) $8 + 12 > 5 \cdot 4$

Ergebnisse: 7 wahre und 5 falsche Aussagen

3. Welche Aussagen sind wahr bzw. falsch und welches sind keine Aussagen?

a) Eine Katze hat 5 Beine.
b) $3 + 7 - 4 \cdot 2$
c) $4 + 4 + 4 + 4 + 4 = 5 \cdot 4$
d) $125 : 5 = 5 \cdot 5$
e) Hurra!
f) Wie heißt die kleinste zweistellige Zahl?
g) Jede gerade Zahl ist durch 2 teilbar.
h) An welchem Tag schien die Sonne?

Ergebnisse: 3 wahre Aussagen, 1 falsche Aussage, viermal keine Aussage

4. Setze <, = oder > ein, damit wahre Aussagen entstehen.

a) $16 + 7$ □ $4 \cdot 6$
b) $5 \cdot 4 + 8$ □ $4 \cdot 7$
c) $4 \cdot 25$ □ $10 \cdot 10$
d) $5 \cdot 20$ □ $4 \cdot 24$
e) $44 + 66$ □ 120
f) $120 - 66$ □ $30 + 21$

Ergebnisse: zweimal =, zweimal < und zweimal >

Eine **Aussageform** enthält eine Variable (einen Platzhalter).
Sie wird zu einer Aussage, wenn die Variable (der Platzhalter) ersetzt wird.
Beispiele:

$x + 24 = 27$	*x ist die Variable (der Platzhalter)*
$3 + 24 = 27$	*wird **x** durch **3** ersetzt, entsteht eine **wahre** Aussage*
$5 + 24 = 27$	*wird **x** durch **5** ersetzt, entsteht eine **falsche** Aussage*

1. Bilde durch Ersetzen des Platzhalters wahre Aussagen.

a) x ist die Hauptstadt von Frankreich.
b) Der 7. Monat im Jahr heißt x.
c) Weihnachten liegt im Monat x.
d) Die Weser mündet in die x.
e) x ist die kleinste dreistellige Zahl.
f) 39 kannst du durch x teilen.
g) Rom liegt in x.
h) Flensburg liegt an der Grenze zu x.

2. Womit musst du die Variable x ersetzen, damit wahre Aussagen entstehen?

a) $x + 12 = 20$
b) $55 - x = 38$
c) $7 \cdot x = 84$
d) $144 : x = 9$
e) $67 \cdot x = 201$
f) $x - 33 = 77$
g) $67 - x = 29$
h) $x + 3 \cdot 4 = 20$
i) $x + 44 = 130$
j) $55 = 5 + 10 \cdot x$
k) $34 = 4 \cdot x - 6$
l) $44 \cdot x = 264$
m) $49 + x = 112$
n) $117 = 3 \cdot x$
o) $114 : x = 38$
p) $52 - x = 16$

Ergebnisse: 3; 3; 3; 5; 6; 8; 10; 12; 16; 17; 36; 39; 61; 86; 96; 110

Zu der **Lösungsmenge L** gehören alle Elemente, die beim Einsetzen aus der Aussageform eine **wahre** Aussage machen. Die Elemente der Lösungsmenge heißen Lösungen.
(Anmerkung: Wenn keine Angaben gemacht werden, setze die natürlichen Zahlen ein.)

Beispiel: *Aussageform:* $3 \cdot x < 9$ ***Lösungsmenge:*** $L = \{0, 1, 2\}$
Einsetzen: $3 \cdot 0 < 9$ (w)
$3 \cdot 1 < 9$ (w)
$3 \cdot 2 < 9$ (w)
$3 \cdot 3 < 9$ (f)

Führt kein Element beim Einsetzen zu einer wahren Aussage, ist die Lösungsmenge die ***leere Menge.*** $L = \{\}$

3. Bestimme die Lösungsmenge.

a) $4 \cdot x < 12$
b) $3 + x < 8$
c) $5 > x + 2$
d) $17 - x > 13$
e) $x - 12 < 5$
f) $2 \cdot x + 2 < 10$
g) $5 - x > 2$
h) $x + 3 < 4$

Ergebnisse: {0}; {0, 1, 2}; {0, 1, 2}; {0, 1, 2, 3}; {0, 1, 2, 3}; {0, 1, 2, 3}; {0, 1, 2, 3, 4}; {12, 13, 14, 15, 16}

4. Tipp: Die Lösungsmenge kann auch unendlich viele Elemente haben. Dann schreibt man z. B. L = {3, 4, 5, ...}

a) $7 \cdot x + 2 < 20$
b) $x - 12 > 5$
c) $4 \cdot x + 13 < 25$
d) $2 \cdot x - 8 = 12$
e) $x - 33 > 0$
f) $20 - x > 12$
g) $15 < x - 10$
h) $7 \cdot x + 5 = 40$
i) $5 - x > 6$
j) $x + 17 = 23$
k) $23 - x < 7$
l) $51 - x > 60$
m) $15 - 3 \cdot x > 5$
n) $22 + 2 \cdot x = 30$

Ergebnisse: { }; { }; {0, 1, 2}; {0, 1, 2}; {0, 1, 2, 3}; {0, 1, 2, 3, 4, 5, 6}; {4}; {5}; {6}; {10}; {17, 18, 19, 20, 21, 22, 23}; {18, 19, 20,...}; {26, 27, 28,...}; {34, 35, 36 ,...}

Eine Aussage oder Aussageform, in der das Zeichen = vorkommt, heißt **Gleichung.**

$3 \cdot 24 = 72$ oder $3 \cdot x = 15$

1. Bestimme die Lösungsmenge.

a) $15 \cdot x = 105$
b) $6 \cdot x = 18$
c) $9 \cdot x = 36$
d) $12 \cdot x = 60$
e) $13 \cdot x = 91$
f) $13 \cdot x = 26$
g) $14 \cdot x = 98$
h) $15 \cdot x = 30$
i) $11 \cdot x = 11$
j) $5 \cdot x = 25$
k) $14 \cdot x = 56$
l) $21 = 7 \cdot x$
m) $196 = 14 \cdot x$
n) $112 = 16 \cdot x$
o) $11 \cdot x = 0$
p) $3 \cdot x = 42$
q) $88 = 8 \cdot x$
r) $10 \cdot x = 150$
s) $6 \cdot x = 36$
t) $7 \cdot x = 84$

Ergebnisse: 0; 1; 2; 2; 3; 3; 4; 4; 5; 5; 6; 7; 7; 7; 7; 11; 12; 14; 14; 15

2. Bestimme die Lösungsmenge.

a) $3 \cdot x = 45$
b) $24 = 4 \cdot x$
c) $14 = 7 \cdot x$
d) $13 \cdot x = 130$
e) $15 \cdot x = 75$
f) $5 \cdot x = 75$
g) $16 \cdot x = 192$
h) $13 \cdot x = 52$
i) $132 = 12 \cdot x$
j) $11 \cdot x = 143$
k) $12 \cdot x = 36$
l) $6 \cdot x = 30$
m) $5 \cdot x = 45$
n) $13 \cdot x = 156$
o) $3 = 3 \cdot x$
p) $15 \cdot x = 180$
q) $90 = 6 \cdot x$
r) $4 \cdot x = 28$
s) $144 = 16 \cdot x$
t) $165 = 11 \cdot x$

Ergebnisse: 1; 2; 3; 4; 5; 5; 6; 7; 9; 9; 10; 11; 12; 12; 12; 13; 15; 15; 15; 15

3. Bestimme die Lösungsmenge.

a) $14 \cdot x + 22 = 106$
b) $2 \cdot x + 6 = 20$
c) $11 \cdot x + 27 = 49$
d) $15 \cdot x + 14 = 29$
e) $8 \cdot x + 26 = 50$
f) $8 = 20 - 3 \cdot x$
g) $2 \cdot x + 15 = 19$
h) $12 \cdot x + 17 = 149$
i) $21 = 75 - 9 \cdot x$
j) $15 \cdot x + 22 = 247$
k) $12 \cdot x + 17 = 89$
l) $14 \cdot x + 20 = 62$
m) $12 \cdot x + 16 = 100$
n) $13 \cdot x + 18 = 187$
o) $25 = 27 - 2 \cdot x$
p) $4 \cdot x + 22 = 50$
q) $8 = 29 - 7 \cdot x$
r) $6 \cdot x + 4 = 34$
s) $18 = 40 - 2 \cdot x$
t) $10 \cdot x + 20 = 120$
u) $3 \cdot x + 2 = 50$

Ergebnisse: 1; 1; 2; 2; 3; 3; 3; 4; 5; 6; 6; 6; 7; 7; 7; 10; 11; 11; 13; 15; 16

Eine Aussage oder eine Aussageform, in der die Zeichen **<** oder **>** vorkommen, heißt **Ungleichung.**

$3 + 19 < 25$ oder $3 \cdot x > 15$

4. Bestimme die Lösungsmenge.

a) $2 \cdot x + 3 < 7$
b) $42 - 6 \cdot x > 25$
c) $6 \cdot x + 30 < 55$
d) $2 \cdot x + 2 < 4$
e) $6 - 2 \cdot x > 4$
f) $5x + 3 < 10$
g) $10 - x > 7$
h) $15 - 2 \cdot x > 15$
i) $41 - 3 \cdot x > 35$
j) $12 + 2 \cdot x < 20$
k) $16 - 8 \cdot x > 20$
l) $15 \cdot x + 43 < 50$

Ergebnisse: { }; { }; {0}; {0}; {0} {0; 1}; {0; 1}; {0; 1}; {0; 1; 2}; {0; 1; 2}; {0; 1; 2; 3}; {0; 1; 2; 3; 4}

Aussageformen – Grundmenge und Lösungsmenge

Zu einer Aussageform gehört immer eine **Grundmenge** (G). Diese Grundmenge gibt an, welche Zahlen nur in die Aussageform eingesetzt werden dürfen.

Alle Elemente, die beim Einsetzen zu einer **wahren** Aussage führen, bilden die **Lösungsmenge** (L). Sie ist eine Teilmenge der Grundmenge G.

1. Bestimme die Lösungsmenge wie im Beispiel.

	$2 \cdot x - 7 < 33$	$G = \{5, 10, 15, 20, 25\}$	$L = \{5, 10, 15\}$
a)	$23 - 4 \cdot x > 5$	$G = \{1, 2, 3, 4, 5\}$	
b)	$16 + 6 \cdot x < 234$	$G = \{10, 20, 30, 40, 50, 60\}$	
c)	$123 - 6 \cdot x > 102$	$G = \{1, 2, 3, 4, ...\}$	
d)	$15 \cdot x + 86 < 150$	$G = \{2, 4, 6, 8, 10, 12,...\}$	
e)	$17 \cdot x - 13 > 100$	$G = \{1, 2, 3, 4, ..., 100\}$	
f)	$77 + 11 \cdot x > 110$	$G = \{2, 4, 6, 8, 10, 12,...\}$	
g)	$12 \cdot x - 17 > 95$	$G = \{3, 5, 7, 9, ...\}$	
h)	$16 + 22 \cdot x > 100$	$G = \{1, 2, 3, 4, ..., 100\}$	
i)	$566 - 20 \cdot x > 500$	$G = \{5, 10, 15, 20, ...\}$	
j)	$262 + 10 \cdot x > 400$	$G = \{5, 10, 15, 20, ...\}$	
k)	$62 + 8 \cdot x > 200$	$G = \{5, 10, 15, 20, ...\}$	
l)	$83 - 20 \cdot x > 55$	$G = \{1, 3, 5, ...\}$	

Ergebnisse: { }; {1}; {1, 2, 3}; {1, 2, 3, 4}; {2, 4}; {10, 20, 30}; {4, 6, 8, ...}; {4, 5, 6, ..., 100}; {7, 8, 9, ..., 100}; {9, 10, 11, ...}; {15, 20, 25, ...}; {20, 25, 30, ...}

2. Bestimme die Lösungsmenge. $G = \{2, 4, 6, 8, 10\}$

a) $9 \cdot x + 17 > 25$

b) $15 \cdot x - 12 > 70$

c) $74 < 112 - 3 \cdot x$

d) $53 + 4 \cdot x > 60$

e) $80 < 15 \cdot x - 10$

f) $112 > 65 + x$

g) $77 - 5 \cdot x > 66$

h) $99 \cdot x + 112 < 300$

i) $55 \cdot x - 77 > 80$

j) $135 > 17 \cdot x + 15$

k) $207 > 21 \cdot x - 30$

l) $22 \cdot x - 33 > 40$

Ergebnisse: { }; { }; { }; {2}; {10}; {2, 4, 6}; {2, 4, 6}; {4, 6, 8, 10}; {6, 8,10}; {2, 4, 6, 8, 10}; {2, 4, 6, 8, 10}; {2, 4, 6, 8, 10}

3. Ein Lkw kann 7500 kg laden. Es sind bereits 3700 kg verladen. Wie viele Kisten mit je 150 kg darf er höchstens noch verladen?

4. Wenn man zu einer geraden Zahl 25 addiert, ist das Ergebnis kleiner als 31. Welche Zahlen sind möglich?

5. Addiert man zum Vierfachen einer ungeraden Zahl 33, so ist das Ergebnis kleiner als 152. Welche Zahlen sind möglich?

6. Vermindert man 111 um das Dreifache einer Zahl, so ist das Ergebnis größer als 70. Welche Zahlen sind möglich?

Ergebnisse: In den Lösungsmengen sind alle Elemente von 0 bis 30 möglich.

Die Einheit des Geldwertes in vielen europäischen Ländern und bei uns ist **Euro (€).**
Die kleinere Einheit ist **Cent.**
Es gilt: **1 Euro = 100 Cent**

1. Gib in der Einheit an, die in Klammern steht.

a) 16 € (Cent) d) 33 € (Cent) g) 700 Cent (€) j) 35 000 Cent (€)
b) 123 € (Cent) e) 130 € (Cent) h) 15 000 Cent (€) k) 14 000 Cent (€)
c) 12 € (Cent) f) 213 € (Cent) i) 1100 Cent (€) l) 7900 Cent (€)

Ergebnisse: 7; 11; 79; 140; 150; 350; 1200; 1600; 3300; 12 300; 13 000; 21 300

2. Wandle in die vorgegebene Einheit um:

a) 4,01 € = ______ Cent m) 0,56 € = ______ Cent
b) 76,95 € = ______ Cent n) 64,56 € = ______ Cent
c) 0,29 € = ______ Cent o) 56 Cent = ______ €
d) 6,23 € = ______ Cent p) 69 Cent = ______ €
e) 81 Cent = ______ € q) 91,15 € = ______ Cent
f) 4828 Cent = ______ € r) 86 Cent = ______ €
g) 0,23 € = ______ Cent s) 551 Cent = ______ €
h) 5,46 € = ______ Cent t) 0,54 € = ______ Cent
i) 78 Cent = ______ € u) 4831 Cent = ______ €
j) 4420 Cent = ______ € v) 64 Cent = ______ €
k) 7 Cent = ______ € w) 875 Cent = ______ €
l) 871 Cent = ______ € x) 0,64 € = ______ Cent

Ergebnisse: 0,07; 0,56; 0,64; 0,69; 0,78; 0,81; 0,86; 5,51; 8,71; 8,75; 23; 29; 44,20; 48,28; 48,31; 54; 56; 64; 401; 546; 623; 6456; 7695; 9115

3. Gib in Kommaschreibweise an.
12 € 30 Cent = 12,30 €

a) 17 € 50 Cent e) 21 € 13 Cent i) 15 € 3 Cent m) 28 € 5 Cent
b) 23 € 5 Cent f) 28 € 80 Cent j) 21 € 60 Cent n) 24 € 70 Cent
c) 14 € 30 Cent g) 27 € 3 Cent k) 16 € 9 Cent o) 13 € 30 Cent
d) 19 € 7 Cent h) 18 € 70 Cent l) 25 € 50 Cent p) 16 € 8 Cent

Ergebnisse: 13,30; 14,30; 15,03; 16,08; 16,09; 17,50; 18,70; 19,07; 21,13; 21,60; 23,05; 24,70; 25,50; 27,03; 28,05; 28,80

4. Engin bezahlt mit einem 100-Euro-Schein. Wie viel Wechselgeld erhält er, bei den einzelnen zu zahlenden Beträgen?

a) 12 € e) 12,50 € i) 95,10 € m) 17,30 € q) 47,40 €
b) 37 € f) 33,50 € j) 12,10 € n) 54,60 € r) 67,70 €
c) 53 € g) 71,50 € k) 33,10 € o) 84,30 € s) 31,20 €
d) 76 € h) 93,50 € l) 66,10 € p) 71,80 € t) 28,80 €

Ergebnisse: 4,90; 6,50; 15,70; 24; 28,20; 28,50; 32,30; 33,90; 45,40; 47; 52,60; 63; 66,50; 66,90; 68,80; 71,20; 82,70; 87,50; 87,90; 88

Gewichtsumwandlungen

Umwandlungszahl: 1000

Das Gewicht wird in **t** (Tonnen), **kg** (Kilogramm), **g** (Gramm) und in **mg** (Milligramm) gemessen.

t			kg			g			mg		
		1	0	0	0	0	0	0	0	0	0
					1	0	0	0	0	0	0
								1	0	0	0

Merke: **1 dt** (Dezitonne) = **100 kg**

Alte Gewichtseinheiten: 1 Zt (Zentner) = 50 kg; 1dz (Doppelzentner) = 100 kg

1. Wandle in die vorgegebene Einheit um.

a) 2,79 g = ______ mg
b) 152 t = ______ kg
c) 508 g = ______ kg
d) 11,6 g = ______ mg
e) 64,6 kg = ______ g
f) 1850 kg = ______ t
g) 795 mg = ______ g
h) 240 kg = ______ g
i) 34,1 kg = ______ g
j) 617 mg = ______ g
k) 8,61 kg = ______ g
l) 640 g = ______ kg
m) 315 t = ______ kg
n) 730 kg = ______ t
o) 546 g = ______ kg
p) 2,14 kg = ______ g
q) 316 g = ______ mg
r) 452 t = ______ kg
s) 4,76 t = ______ kg
t) 306 g = ______ mg
u) 514 g = ______ kg
v) 659 mg = ______ g
w) 749 mg = ______ g
x) 205 g = ______ mg

Ergebnisse: 0,508; 0,514; 0,546; 0,617; 0,64 ; 0,659 ; 0,73; 0,749 ; 0,795 ; 1,85 ; 2140 ; 2790 ; 4760 ; 8610 ; 11 600 ; 34 100; 64 600; 152 000; 205 000; 240 000; 306 000; 315 000; 316 000; 452 000

2. Wandle in die vorgegebene Einheit um.

a) 0,143 t = ______ g
b) 89 500 g = ______ t
c) 122 kg = ______ g
d) 0,000733 t = ______ g
e) 43,3 kg = ______ g
f) 373 g = ______ mg
g) 41,4 t = ______ kg
h) 0,00627 t = ______ g
i) 285 g = ______ mg
j) 49,1 g = ______ mg
k) 0,00437 t = ______ g
l) 1120 mg = ______ g
m) 0,97 kg = ______ g
n) 490 g = ______ mg
o) 0,043 t = ______ g
p) 71,8 t = ______ kg
q) 759 g = ______ kg
r) 12 300 mg = ______ g
s) 57,4 g = ______ mg
t) 0,038 t = ______ g
u) 45,1 kg = ______ g
v) 0,159 kg = ______ g
w) 0,036 t = ______ g
x) 814 mg = ______ g

Ergebnisse: 0,0895; 0,759; 0,814; 1,12; 12,3; 159; 733; 970; 4370; 6270; 36 000; 38 000; 41 400; 43 000; 43 300; 45 100; 49 100; 57 400; 71 800; 122 000; 143 000; 285 000; 373 000; 490 000

Längenumwandlungen
Umwandlungszahl (ab m): **10**

km	m			dm	cm	mm
1	0	0	0	0	0	0
			1	0	0	0
				1	0	0
					1	0

Beachte: **1 km = 1000 m**

1. Wandle in die vorgegebene Einheit um.

a) 7880 mm = ______ cm
b) 770 cm = ______ dm
c) 179 m = ______ dm
d) 641 dm = ______ cm
e) 296 m = ______ dm
f) 840 dm = ______ m
g) 360 dm = ______ m
h) 7010 dm = ______ m
i) 266 cm = ______ mm
j) 7990 mm = ______ cm
k) 382 m = ______ dm
l) 1600 dm = ______ m
m) 366 dm = ______ cm
n) 303 km = ______ m
o) 241 dm = ______ cm
p) 7870 dm = ______ m
q) 8020 cm = ______ dm
r) 1990 dm = ______ m
s) 24 000 m = ______ km
t) 8080 mm = ______ cm
u) 6680 cm = ______ mm

Ergebnisse: 24; 36; 77; 84; 160; 199; 701; 787; 788; 799; 802; 808; 1790; 2410; 2660; 2960; 3660; 3820; 6410; 66 800; 303 000; 360 000 – 1 Zahl ist zu viel!

2. Wandle in die vorgegebene Einheit um.

a) 5500 mm = ______ dm
b) 12 m = ______ cm
c) 48 dm = ______ mm
d) 40 300 dm = ______ m
e) 12 m = ______ mm
f) 3500 mm = ______ dm
g) 1200 dm = ______ m
h) 6000 dm = ______ m
i) 34 dm = ______ mm
j) 3200 mm = ______ cm
k) 230 m = ______ cm
l) 42 dm = ______ mm
m) 12 km = ______ dm
n) 21 000 mm = ______ m
o) 421 dm = ______ mm
p) 7 700 000 dm = ______ km
q) 102 000 cm = ______ m
r) 12 dm = ______ mm
s) 400 000 cm = ______ km
t) 16 000 mm = ______ dm
u) 4000 cm = ______ m

Ergebnisse:. 4; 21; 35; 40; 55; 120; 160; 320; 600; 770; 1020; 1200; 1200; 3400; 4030; 4200; 4800; 52 000; 12 000; 23 000; 42 100; 120 000 – 1 Zahl ist zu viel!

3. Wandle in die Einheit um, die in Klammern angegeben ist.

a) 550 dm (cm)
b) 6000 cm (m)
c) 23 m (cm)
d) 500 mm (dm)
e) 20 700 cm (dm)
f) 20 300 mm (cm)
g) 45 m (cm)
h) 132 dm (mm)
i) 40 700 mm (dm)
j) 50 000 m (km)
k) 45 km (dm)
l) 23000 cm (m)
m) 407 dm (cm)
n) 70 500 mm (dm)
o) 569 m (mm)
p) 650 dm (mm)
q) 2 300 000 cm (m)
r) 56 m (mm)
s) 70 900 cm (m)
t) 4 000 000 cm (km)
u) 40 900 dm (m)

Ergebnisse: 5; 40; 50; 60; 230; 407; 409,705; 709; 2030; 2070; 2300; 4070; 4090; 4500; 5500; 13 200; 23 000; 56 000; 65 000; 450 000; 569 000 – 1 Zahl ist zu viel!

1. Wandle in die vorgegebene Einheit um.

a) 213 km = ______ m
b) 64 dm = ______ cm
c) 5,6 m = ______ cm
d) 8960 mm = ______ dm
e) 50 100 m = ______ km
f) 746 mm = ______ cm
g) 172 m = ______ dm
h) 751 mm = ______ cm
i) 19,8 m = ______ cm
j) 29,1 km = ______ m
k) 890 cm = ______ dm
l) 6610 m = ______ km
m) 41,5 dm = ______ mm
n) 5900 cm = ______ m
o) 194 km = ______ m
p) 7090 m = ______ km
q) 8050 cm = ______ m
r) 9000 mm = ______ m
s) 476 cm = ______ mm
t) 4,3 m = ______ cm
u) 855 mm = ______ cm
v) 638 dm = ______ m
w) 5360 m = ______ km
x) 2 dm = ______ mm

Ergebnisse: 5,36; 6,61; 7,09; 9; 50,1; 59; 63,8; 74,6; 75,1; 80,5; 85,5; 89; 89,6; 200; 430; 560; 640; 1720; 1980; 2000; 4150; 4760; 29 100; 194 000; 213 000 – 1 Zahl ist zu viel!

2. Wandle in die vorgegebene Einheit um.

a) 5,05 dm = ______ cm
b) 0,872 m = ______ cm
c) 0,48 dm = ______ mm
d) 0,631 m = ______ cm
e) 86,3 dm = ______ m
f) 5,49 cm = ______ mm
g) 882 mm = ______ cm
h) 0,7 dm = ______ mm
i) 0,042 dm = ______ mm
j) 8440 m = ______ km
k) 540 mm = ______ cm
l) 0,411 m = ______ cm
m) 691 mm = ______ cm
n) 22,8 m = ______ dm
o) 0,249 km = ______ m
p) 6860 mm = ______ dm
q) 85,7 mm = ______ cm
r) 0,787 m = ______ cm
s) 680 mm = ______ cm
t) 35,7 m = ______ cm
u) 0,0748 m = ______ mm
v) 0,233 dm = ______ mm
w) 698 cm = ______ m
x) 3,1 m = ______ cm

Ergebnisse: 4,2; 6,98; 8,44; 8,57; 8,63; 23,3; 41,1; 48; 50,5; 54; 54,9; 63,1; 68; 68,6; 69,1; 70; 74,8; 78,7; 87,2; 88,2; 228; 249; 310; 3100; 3570 – 1 Zahl ist zu viel!

3. Wandle in die Einheit um, die in Klammern angegeben ist.

a) 554 mm (cm)
b) 81 800 mm (m)
c) 0,0775 m (mm)
d) 1,5 m (dm)
e) 89 900 mm (m)
f) 0,44 km (m)
g) 602 m (km)
h) 1,3 m (cm)
i) 1,06 m (dm)
j) 20,8 km (m)
k) 743 m (km)
l) 0,809 m (cm)
m) 49 cm (mm)
n) 0,572 km (m)
o) 859 dm (m)
p) 0,079 dm (mm)
q) 16,4 m (mm)
r) 45,4 m (dm)
s) 8320 cm (m)
t) 0,34 m (mm)
u) 0,348 dm (mm)

Ergebnisse: 0,602; 0,743; 7,9; 10,6; 15; 34; 34,8; 55,4; 77,5; 80,9; 81,8; 83,2; 85,9; 89,9; 130; 340; 440; 454; 490; 572; 16 400; 20 800 – 1 Zahl ist zu viel!

4. Gib in Metern an.

a) 3 m 45 cm
b) 14 m 2 dm
c) 3 m 2 cm
d) 5 m 5 dm
e) 2 m 57 cm
f) 3 m 12 cm 4 mm
g) 12 m 2 dm 3 cm
h) 4 m 23 cm 2 mm
i) 0 m 17 cm 9 mm
j) 12 m 3 cm 3 mm
k) 17 m 3 dm 2 cm 1 mm
l) 6 m 1 dm 0 cm 5 mm
m) 13 m 0 dm 0 cm 7 mm
n) 6 m 12 cm 7 mm
o) 22 m 3 cm 4 mm

Ergebnisse: 0,179 m; 2,57 m; 3,02 m; 3,124 m; 3,45 m; 4,232 m; 5,5 m; 6,105 m; 6,127 m; 12,23 m; 12,033 m; 14,2 m; 13,007 m; 17,321 m; 22,034 m; 22,34 m – 1 Zahl ist zu viel!

Flächenumwandlungen
Umwandlungszahl: 100

km^2		ha		a		m^2		dm^2		cm^2		mm^2	
	1	0	0	0	0	0	0	0	0	0	0	0	0
			1	0	0	0	0	0	0	0	0	0	0
					1	0	0	0	0	0	0	0	0
							1	0	0	0	0	0	0
									1	0	0	0	0
											1	0	0

1. Wandle in die vorgegebene Einheit um.

a) 7800 mm^2 = ______ cm^2
b) 700 cm^2 = ______ dm^2
c) 63 m^2 = ______ dm^2
d) 14 dm^2 = ______ cm^2
e) 96 m^2 = ______ dm^2
f) 8400 dm^2 = ______ m^2
g) 3600 dm^2 = ______ m^2
h) 700 dm^2 = ______ m^2
i) 20 cm^2 = ______ mm^2
j) 7000 a = ______ ha
k) 55 m^2 = ______ dm^2
l) 5500 dm^2 = ______ m^2
m) 30 dm^2 = ______ cm^2
n) 13 km^2 = ______ ha
o) 421 dm^2 = ______ cm^2
p) 7800 ha = ______ km^2
q) 8000 cm^2 = ______ dm^2
r) 1900 a = ______ ha
s) 24000 m^2 = ______ a
t) 80 800 mm^2 = ______ cm^2
u) 680 cm^2 = ______ mm^2

Ergebnisse: 7; 7; 19; 36; 55; 70; 78; 78; 80; 84; 240; 808; 1300,1400; 2000; 3000; 5500; 6300; 9600; 42 100; 46 000; 68 000 – 1 Zahl ist zu viel!

2. Wandle in die Einheit um, die in Klammern steht.

a) 50 000 mm^2 (dm^2)
b) 34 m^2 (cm^2)
c) 84 dm^2 (mm^2)
d) 40 700 dm^2 (m^2)
e) 21 m^2 (mm^2)
f) 500 000 mm^2 (dm^2)
g) 1 200 000 a (ha)
h) 60 000 dm^2 (m^2)
i) 17 a (dm^2)
j) 42 000 mm^2 (cm^2)
k) 260 m^2 (cm^2)
l) 402 ha (m^2)
m) 12 km^2 (a)
n) 2 100 000 mm^2 (dm^2)
o) 241 dm^2 (mm^2)
p) 11 000 000 a (km^2)
q) 1 020 000 cm^2 (m^2)
r) 21 dm^2 (mm^2)
s) 400 000 m^2 (ha)
t) 6 100 000 dm^2 (a)
u) 7000 m (a)

Ergebnisse: 5; 40; 50; 70; 102; 210; 407; 420; 600; 610; 1100; 12 000; 120 000; 170 000; 210 000; 340 000; 840 000; 2 410 000; 2 600 000; 4 020 000; 21 000 000

3. Ergänze die fehlende Einheit.

a) 3 400 000 cm^2 = 340
b) 430 a = 4 300 000
c) 12 km^2 = 12 000 000
d) 345 ha = 34 500
e) 106 000 m^2 = 1060
f) 30 000 000 cm^2 = 3000
g) 203 km^2 = 2 030 000
h) 50 000 mm^2 = 5
i) 7000 m^2 = 70
j) 5 500 000 dm^2 = 550
k) 450 ha = 4 500 000
l) 23 a = 230 000
m) 345 dm^2 = 34 500
n) 17 m^2 = 170 000
o) 876 dm^2 = 8 760 000
p) 66 000 dm^2 = 660
q) 50 000 m^2 = 5
r) 732 a = 7 320 000

Ergebnisse: fünfmal m^2; viermal dm^2; fünfmal a; einmal mm^2; einmal ha; zweimal cm^2

1. Gib in Quadratmetern an.

a) 4 m^2 38 dm^2
b) 14 m^2 66 dm^2
c) 4 m^2 56 dm^2
d) 45 m^2 9 dm^2
e) 19 m^2 99 dm^2
f) 3 m^2 11 dm^2 17 cm^2
g) 7 m^2 6 dm^2 77 cm^2
h) 4 m^2 3 dm^2 8 cm^2
i) 16 m^2 0 dm^2 66 cm^2
j) 4 m^2 56 cm^2
k) 14 m^2 66 cm^2
l) 5 m^2 23 cm^2 17 mm^2
m) 0 m^2 0 dm^2 77 cm^2
n) 45 dm^2 9 cm^2
o) 19 dm^2 99 cm^2

Ergebnisse: 0,0077 m^2; 0,1999 m^2; 0,4509 m^2; 3,1117 m^2; 4,0056 m^2; 4,0308 m^2; 4,38 m^2; 4,56 m^2; 5,002317 m^2; 7,0677 m^2; 14,0066 m^2; 14,66 m^2; 16,0066 m^2; 19,99 m^2; 45,09 m^2

2. Schreibe ohne Komma, wie im Beispiel.
Beispiel: *7,0305 m^2 = 7 m^2 3 dm^2 5 cm^2*

a) 4,8655 m^2
b) 12,0988 m^2
c) 4,0850 m^2
d) 12,098 m^2
e) 7,9 m^2
f) 6,7590 m^2
g) 7,09 m^2
h) 12,988 m^2
i) 6,003 m^2
j) 4,4003 m^2
k) 6,303 m^2
l) 7,0099 m^2
m) 12,98 m^2
n) 4,0008 m^2
o) 6,3 m^2

Ergebnisse: 4 m^2 0 dm^2 8 cm^2; 4 m^2 8 dm^2 50 cm^2; 4 m^2 40 dm^2 3 cm^2; 4 m^2 86 dm^2 55 cm^2; 6 m^2 0 dm^2 3 cm^2; 6 m^2 30 dm^2; 6 m^2 30 dm^2 3 cm^2; 6 m^2 75 dm^2 90 cm^2; 7 m^2 0 dm^2 99 cm^2; 7 m^2 9 dm^2; 7 m^2 90 dm^2; 12 m^2 9 dm^2 80 cm^2; 12 m^2 9 dm^2 88 cm^2; 12 m^2 98 dm^2; 12 m^2 98 dm^2 80 cm^2

3. Wandle in die vorgegebene Einheit um

a) 70 cm^2 = ________ dm^2
b) 10 400 m^2 = ________ ha
c) 5,6 ha = ________ a
d) 22,8 ha = ________ a
e) 2240 a = ________ km^2
f) 0,0193 a = ________ dm^2
g) 22 700 cm^2 = ________ a
h) 0,14 km^2 = ________ ha
i) 0,018 a = ________ cm^2
j) 277 ha = ________ km^2
k) 0,17 a = ________ dm^2
l) 0,077 a = ________ dm^2
m) 0,155 ha = ________ dm^2
n) 0,41 km^2 = ________ m^2
o) 0,237 km^2 = ________ a
p) 1,17 dm^2 = ________ cm^2
q) 1,33 a = ________ m^2
r) 17,1 dm^2 = ________ cm^2
s) 2470 m^2 = ________ ha
t) 26 500 m^2 = ________ ha
u) 26,7 m^2 = ________ dm^2
v) 0,014 m^2 = ________ cm^2
w) 0,0272 ha = ________ dm^2
x) 0,0286 a = ________ dm^2

Ergebnisse: 0,0227 a; 0,224 km^2; 0,247 ha; 0,7 dm^2; 1,04 ha; 2,65 ha; 2,77 km^2; 14 ha; 117 cm^2; 133 m^2; 140 cm^2; 193 dm^2; 286 dm^2; 560 a; 770 dm^2; 1700 dm^2; 1710 cm^2; 2280 a; 2370 a; 2670 dm^2; 18 000 cm^2; 27 200 dm^2; 155 000 dm^2; 410 000 m^2

4. Ergänze die fehlende Einheit.

a) 245 cm^2 = 2,45
b) 0,195 dm^2 = 1950
c) 0,73 m^2 = 7300
d) 3,5 m^2 =3 500 000
e) 2,27 ha = 227
f) 0,0234 m^2 =234
g) 78 mm^2 = 0,78
h) 0,0087 ha = 8700
i) 159 ha = 1,59
j) 1,77 ha = 17 700
k) 1,1 ha = 1 100 000
l) 0,216 a = 2160
m) 0,0054 km^2 = 5400
n) 0,219 m^2 = 2190
o) 1180 cm^2 =0,118
p) 192 m^2 = 1,92
q) 0,0287 a = 28700
r) 24200 dm^2 = 2,42
s) 8500 mm^2 = 0,0085
t) 61 mm^2 = 0,61
u) 0,00014 a = 140
v) 1,23 ha = 123
w) 190 m^2 = 1,9
x) 0,036 ha = 360

Ergebnisse: zweimal mm^2; siebenmal cm^2; viermal dm^2; fünfmal m^2; fünfmal a; einmal km^2

1.

Volumenumwandlungen
Umwandlungszahl: 1000

m^3			dm^3 (l)			cm^3 (ml)			mm^3		
		1	0	0	0	0	0	0	0	0	0
					1	0	0	0	0	0	0
								1	0	0	0

Wandle in die vorgegebene Einheit um.

a) 7 m^3 = ______ dm^3
b) 5000 cm^3 = ______ dm^3
c) 70 dm^3 = ______ cm^3
d) 50 000 mm^3 = ______ cm^3
e) 70 000 cm^3 = ______ dm^3
f) 500 cm^3 = ______ mm^3
g) 650 dm^3 = ______ m^3
h) 6 500 000 cm^3 = ______ dm^3
i) 65 000 dm^3 = ______ m^3
j) 4 000 000 mm^3 = ______ cm^3
k) 40 m^3 = ______ dm^3
l) 70 000 cm^3 = ______ dm^3

Ergebnisse: 0,650 m^3; 5 dm^3; 50 cm^3; 65 m^3; 70 dm^3; 70 dm^3; 4000 cm^3; 6500 dm^3; 7000 dm^3; 40 000 dm^3; 70 000 cm^3; 500 000 mm^3

2. Wandle in die vorgegebene Einheit um.

a) 12 l = ______ ml
b) 15000 ml = ______ l
c) 12 dm^3 = ______ l
d) 15 000 ml = ______ dm^3
e) 15 000 l = ______ dm^3
f) 20 dm^3 = ______ ml
g) 12 m^3 = ______ l
h) 150 000 dm^3 = ______ l
i) 150 000 l = ______ m^3
j) 20 000 cm^3 = ______ ml
k) 2 m^3 = ______ ml
l) 20 l = ______ cm^3

Ergebnisse: 12; 15; 15; 150; 12 000; 12 000; 15 000; 20 000; 20 000; 20 000; 150 000; 2 000 000

3. Wandle in die vorgegebene Einheit um.

a) 1,54 dm^3 = ______ l
b) 468 cm^3 = ______ mm^3
c) 0,657 dm^3 = ______ l
d) 70,9 dm^3 = ______ cm^3
e) 790 mm^3 = ______ cm^3
f) 21 700 mm^3 = ______ cm^3
g) 45,5 cm^3 = ______ mm^3
h) 15 dm^3 = ______ cm^3
i) 322 cm^3 = ______ mm^3
j) 822 l = ______ dm^3
k) 2850 dm^3 = ______ m^3
l) 2110 cm^3 = ______ dm^3
m) 48,7 m^3 = ______ dm^3
n) 648 mm^3 = ______ cm^3
o) 623 dm^3 = ______ m^3
p) 124 dm^3 = ______ ml
q) 8150 l = ______ dm^3
r) 879 ml = ______ dm^3

Ergebnisse: 0,623; 0,648; 0,657; 0,79; 0,879; 1,54; 2,11; 2,85; 21,7; 822; 8150; 15 000; 45 500; 48 700; 70 900; 124 000; 322 000; 468 000

4. Wandle in die vorgegebene Größe um.

a) 1,08 m^3 = ______ dm^3
b) 72,4 m^3 = ______ l
c) 125 000 000 cm^3 = ______ m^3
d) 65 m^3 = ______ l
e) 739 ml = ______ dm^3
f) 225 dm^3 = ______ ml
g) 6 430 000 cm^3 = ______ m^3
h) 0,00109 m^3 = ______ cm^3
i) 292 dm^3 = ______ l
j) 50 600 ml = ______ dm^3
k) 289 cm^3 = ______ mm^3
l) 5430 l = ______ m^3
m) 0,000056 m^3 = ______ mm^3
n) 0,000862 dm^3 = ______ mm^3
o) 89 400 ml = ______ dm^3
p) 67 000 000 mm^3 = ______ m^3

Ergebnisse: 0,067; 0,739; 5,43; 6,43; 50,6 89,4; 125; 292; 862; 1080; 1090; 56 000; 65 000; 72 400; 225 000; 289 000

Zeitspannen

1 Jahr **(a)** = 12 Monate **(Mon)** = 365 Tage **(d)**

1 Tag = 24 Stunden **(h)**

1 Stunde = 60 Minuten **(min)**

1 Minute = 60 Sekunden **(s)**

1. Rechne in Monate um:

a) 3 Jahre
b) 5 Jahre
c) 2 Jahre 3 Monate
d) 4 Jahre 7 Monate
e) 12 Jahre 5 Monate
f) 9 Jahre 11 Monate
g) 8 Jahre 9 Monate
h) 10 Jahre 11 Monate
i) 6 Jahre 7 Monate
j) 11 Jahre 5 Monate
k) 9 Jahre 8 Monate
l) 7 Jahre 4 Monate
m) 5 Jahre 11 Monate
n) 8 Jahre 3 Monate
o) 4 Jahre 10 Monate
p) 3 Jahre 11 Monate
q) 15 Jahre 1 Monat
r) 14 Jahre 8 Monate

Ergebnisse (in Monaten): 27; 36; 47; 55; 58; 60; 71; 79; 88; 99; 105; 116; 119; 131; 137; 149; 176; 181

2. Rechne in Monate um:

a) $\frac{1}{2}$ Jahr
b) $1\frac{1}{2}$ Jahre
c) $5\frac{1}{2}$ Jahre
d) $\frac{1}{4}$ Jahr
e) $2\frac{1}{4}$ Jahre
f) $5\frac{1}{4}$ Jahre
g) $\frac{3}{4}$ Jahr
h) $4\frac{3}{4}$ Jahre
i) $7\frac{3}{4}$ Jahre
j) $9\frac{1}{4}$ Jahre
k) $7\frac{1}{2}$ Jahre
l) $6\frac{1}{4}$ Jahre
m) $6\frac{3}{4}$ Jahre
n) $11\frac{1}{4}$ Jahre
o) $9\frac{1}{2}$ Jahre
p) $8\frac{1}{4}$ Jahre

Ergebnisse (in Monaten): 3; 6; 9; 18; 27; 57; 63; 66; 75; 81; 90; 93; 99; 111; 114; 135

3. Rechne in Jahre und Monate um.
Beispiel: *71 Monate = 5 Jahre 11 Monate*

a) 51 Monate
b) 37 Monate
c) 66 Monate
d) 95 Monate
e) 130 Monate
f) 21 Monate
g) 41 Monate
h) 81 Monate
i) 76 Monate
j) 150 Monate
k) 49 Monate
l) 145 Monate
m) 105 Monate
n) 86 Monate
o) 112 Monate
p) 125 Monate

Ergebnisse: 1 Jahr 9 Monate; 3 Jahre 1 Monat; 3 Jahre 5 Monate; 4 Jahre 1 Monat; 4 Jahre 3 Monate; 5 Jahre 6 Monate; 6 Jahre 4 Monate; 6 Jahre 9 Monate; 7 Jahre 2 Monate; 7 Jahre 11 Monate; 8 Jahre 9 Monate; 9 Jahre 4 Monate; 10 Jahre 5 Monate; 10 Jahre 10 Monate; 12 Jahre 1 Monat; 12 Jahre 6 Monate

4. Rechne in Jahre um. (Im Ergebnis kommt immer eine Bruchzahl vor)
Beispiel: *18 Monate = $1\frac{1}{2}$ Jahre*

a) 42 Monate
b) 66 Monate
c) 15 Monate
d) 45 Monate
e) 87 Monate
f) 51 Monate
g) 117 Monate
h) 102 Monate
i) 123 Monate
j) 57 Monate
k) 150 Monate
l) 183 Monate
m) 105 Monate
n) 177 Monate
o) 138 Monate
p) 78 Monate

Ergebnisse (in Jahren): $1\frac{1}{4}$; $3\frac{1}{2}$; $3\frac{3}{4}$; $4\frac{1}{4}$; $4\frac{3}{4}$; $5\frac{1}{2}$; $6\frac{1}{2}$; $7\frac{1}{4}$; $8\frac{1}{2}$; $8\frac{3}{4}$; $9\frac{3}{4}$; $10\frac{1}{4}$; $11\frac{1}{2}$; $12\frac{1}{2}$; $14\frac{3}{4}$; $15\frac{1}{4}$

1. Gib in Minuten an.

a) 2 h e) 7 h 22 min i) 10 h 41 min m) $9\frac{1}{2}$ h

b) 5 h f) 9 h 31 min j) $6\frac{1}{2}$ h n) $4\frac{3}{4}$ h

c) 11 h g) 7 h 55 min k) $7\frac{1}{4}$ h o) $10\frac{1}{2}$ h

d) 3 h 15 min h) 11 h 12 min l) $5\frac{3}{4}$ h p) $5\frac{1}{3}$ h

Ergebnisse: 120; 195; 285; 300; 320; 345; 390; 435; 442; 475; 570; 571; 630; 641; 660; 672

2. Gib in Sekunden an.

a) 15 min d) 20 min g) 14 min 22 s j) $8\frac{1}{2}$ min m) $6\frac{1}{4}$ min

b) 9 min e) 50 min h) 12 min 12 s k) $5\frac{3}{4}$ min n) $15\frac{1}{2}$ min

c) 13 min f) 60 min i) 15 min 35 s l) $2\frac{1}{3}$ min o) $3\frac{2}{3}$ min

Ergebnisse: 140; 220; 345; 375; 510; 540; 732; 780; 862; 900; 930; 935; 1200; 3000; 3600

3. Gib in Stunden an.

a) 3 d c) 2 d 12 h e) 6 d g) $\frac{1}{2}$ d i) $\frac{1}{3}$ d k) $3\frac{1}{4}$ d

b) 5 d d) 4 d 5 h f) 8 d 4 h h) $\frac{1}{4}$ d j) $4\frac{1}{2}$ d l) $2\frac{3}{4}$ d

Ergebnisse: 6; 8; 12; 60; 66; 72; 78; 101; 108; 120; 144; 196

4. Gib in Stunden und Minuten an.
Beispiel: *443 min = 7 h 13 min*

a) 512 min d) 222 min g) 96 min j) 115 min m) 399 min

b) 356 min e) 333 min h) 179 min k) 241 min n) 616 min

c) 477 min f) 151 min i) 301 min l) 201 min o) 581 min

Ergebnisse: 1 h 36 min; 1 h 55 min; 2 h 31 min; 2 h 59 min; 3 h 21 min; 3 h 42 min; 4 h 1 min; 5 h 1 min; 5 h 33 min; 5 h 56 min; 6 h 39 min; 7 h 57 min; 8 h 32 min; 9 h 41 min; 10 h 16 min

5. Gib in Tagen und Stunden an.
Beispiel: *110 h = 4 d 14 h*

a) 73 h d) 100 h g) 292 h j) 370 h m) 210 h

b) 55 h e) 250 h h) 177 h k) 145 h n) 482 h

c) 85 h f) 155 h i) 500 h l) 300 h o) 324 h

Ergebnisse: 2 d 7 h; 3 d 1 h; 3 d 13 h; 4 d 4 h; 6 d 1 h; 6 d 11 h; 7 d 9 h; 8 d 18 h; 10 d 10 h; 12 d 4 h; 12 d 12 h; 13 d 12 h; 15 d 10 h; 20 d 2 h; 20 d 20 h

6. Gib in Minuten und Sekunden an.
Beispiel: *223 s = 3 min 43 s*

a) 255 s d) 296 s g) 144 s j) 212 s m) 267 s

b) 305 s e) 188 s h) 404 s k) 483 s n) 399 s

c) 155 s f) 351 s i) 378 s l) 368 s o) 231 s

Ergebnisse: 2 min 24 s; 2 min 35 s; 3 min 8 s; 3 min 32 s; 3 min 51 s; 4 min 15 s; 4 min 27 s; 4 min 56 s; 5 min 5 s; 5 min 51 s; 6 min 8 s; 6 min 18 s; 6 min 39 s; 6 min 44 s; 8 min 3 s

1. Wandle in die in Klammern angegebene Einheit um.

a) 14,98 €	(Cent)	f) 7877 Cent	(€)	k) 145 t	(kg)	p) 6273 Cent	(€)
b) 4491 Cent	(€)	g) 3630 kg	(t)	l) 6281 Cent	(€)	q) 244 t	(kg)
c) 5772 Cent	(€)	h) 70 g	(mg)	m) 670 g	(kg)	r) 835 Cent	(€)
d) 628 g	(kg)	i) 136 t	(kg)	n) 4,1 g	(mg)	s) 80,92 €	(Cent)
e) 683 g	(kg)	j) 5027 Cent	(€)	o) 33,2 kg	(g)	t) 1,97 kg	(g)

Ergebnisse : 0,628; 0,67; 0,683; 3,63; 8,35; 44,91; 50,27; 57,72; 62,73; 62,81; 78,77; 1498; 1970; 4100; 8092; 33 200; 70 000; 136 000; 145 000; 244 000

2. Wandle in die in Klammern angegebene Einheit um.

a) 430 cm	(mm)	f) 175 dm^2	(m^2)	k) 5,1 a	(m^2)	p) 78 m^2	(a)
b) 141 cm^2	(dm^2)	g) 604 mm	(cm)	l) 6210 m	(km)	q) 170 m^2	(a)
c) 35 dm	(mm)	h) 7450 cm	(m)	m) 7720 cm	(m)	r) 179 cm	(mm)
d) 334 cm	(mm)	i) 2,04 m^2	(dm^2)	n) 448 m	(dm)	s) 296 ha	(km^2)
e) 22,6 cm^2	(mm^2)	j) 40,6 dm	(mm)	o) 224 mm^2	(cm^2)	t) 294 mm^2	(cm^2)

Ergebnisse: 0,78; 1,41; 1,7; 1,75; 2,24; 2,94; 2,96; 6,21; 60,4; 74,5; 77,2; 204; 510 ; 1790; 2260; 3340; 3500; 4060; 4300; 4480

3. Wandle in die in Klammern angegebene Einheit um.

a) 0,25 a	(m^2)	f) 324 cm^3	(mm^3)	k) 8910 dm^3	(m^3)
b) 2,1 cm^2	(mm^2)	g) 180 a	(ha)	l) 71 dm^2	(m^2)
c) 26 100 mm^3	(cm^3)	h) 145 mm^2	(cm^2)	m) 1,98 dm^3	(cm^3)
d) 0,602 cm^3	(mm^3)	i) 55 100 cm^3	(dm^3)	n) 2,15 ha	(a)
e) 510 dm^3	(m^3)	j) 45 a	(m^2)	o) 11 cm^2	(mm^2)

Ergebnisse : 0,51; 0,71; 1,45; 1,8; 8,91; 25; 26,1; 55,1; 210; 215; 602; 1100; 1980; 4500; 324 000

4. Bestimme die fehlende Einheit.

a) 896 dm = 89,6 ______	h) 192 dm = 1920 ______	o) 30,2 km^2 = 3020 ______
b) 351 cm = 3510 ______	i) 5,4 km = 5400 ______	p) 6890 cm = 68,9 ______
c) 85 cm^2 = 0,85 ______	j) 32 cm = 320 ______	q) 254 dm^2 = 2,54 ______
d) 81 m = 810 ______	k) 49,8 dm = 4980 ______	r) 299 cm = 2990 ______
e) 2,95 km^2 = 295 ______	l) 3,9 m = 3900 ______	s) 77 ha = 0,77 ______
f) 116 ha = 1,16 ______	m) 213 cm^2 = 2,13 ______	t) 827 dm = 82,7 ______
g) 6,2 cm^2 = 620 ______	n) 88 dm^2 = 0,88 ______	u) 0,91 km = 910 ______

Ergebnisse: fünfmal mm; einmal cm; einmal dm; fünfmal m; einmal mm^2; zweimal dm^2; zweimal m^2; zweimal ha; zweimal km^2

5. Ordne die Größen immer nach der Größe. Beginne mit der Kleinsten.

a) 645 cm, 243,5 dm, 0,67 m, 0,753 km, 23,56 m: ______________________

b) 5050 cm^2, 23,4 dm^2, 22 340 mm^2, 0,75 m^2: ______________________

c) 12,3 dm^3, 8435 cm^3, 0,023 m^3, 110 000 mm^3: ______________________

d) 345 Cent, 2,45 €, 1045 Cent, 10,50 €, 4 €: ______________________

e) 538 980 mg, 0,765 kg, 4325 g, 0,7 t, 23 000 g: ______________________

1. Wandle in die in Klammern angegebene Einheit um.

a) 0,343 m (cm)
b) 0,0189 a (dm^2)
c) 4,92 m (dm)
d) 300 mm^2 (cm^2)
e) 0,215 dm^2 (mm^2)
f) 0,033 km^2 (m^2)
g) 0,9 dm (mm)
h) 6390 mm (dm)
i) 4,24 m (dm)
j) 1460 a (km^2)
k) 0,038 dm (mm)
l) 1,13 dm (mm)
m) 0,0091 km (m)
n) 6910 mm (dm)
o) 0,192 km^2 (a)
p) 9 m (dm)
q) 0,35 km^2 (a)
r) 7,18 m (dm)
s) 299 dm (cm)
t) 0,077 m^2 (mm^2)

Ergebnisse : 0,146; 3; 3,8; 9,1; 34,3; 42,4; 49,2; 63,9; 69,1; 71,8; 90; 90; 113; 189; 1920; 2150; 2990; 3500; 33 000; 77 000

2. Wandle in die in Klammern angegebene Einheit um.

a) 4660 cm^3 (dm^3)
b) 0,806 dm^3 (l)
c) 804 dm^3 (m^3)
d) 712 ml (dm^3)
e) 4,26 dm^3 (ml)

f) 22 700 l (dm^3)
g) 0,421 m^3 (l)
h) 78,7 m^3 (l)
i) 46,4 dm^3 (ml)
j) 0,00168 m^3 (cm^3)

Ergebnisse : 0,712; 0,804; 0,806; 4,66; 421; 1680; 4260; 22 700; 46 400; 78 700

3. Wandle in die in Klammern angegebene Einheit um.

a) 270 000 dm^2 (ha)
b) 2,48 km^2 (ha)
c) 0,27 dm^2 (mm^2)
d) 7 660 000 cm^3 (m^3)
e) 435 000 000 cm^3 (m^3)
f) 0,000549 dm^3 (mm^3)
g) 371 dm^3 (ml)
h) 0,89 ha (dm^2)
i) 173 a (ha)
j) 7,59 m^3 (l)
k) 53,6 cm^3 (mm^3)
l) 85 000 000 cm^3 (m^3)
m) 46 000 000 mm^3 (m^3)
n) 0,02 m^2 (cm^2)
o) 19,2 ha (a)

Ergebnisse: 0,046; 0,27; 1,73; 7,66; 85; 200; 248; 435; 549; 1920; 2700; 7590; 53 600; 371 000; 890 000

4. Bestimme die fehlende Einheit.

a) 8,23 cm^3 = 8230
b) 534 000 mm^3 = 0,534
c) 110 a = 1,1
d) 0,000066 dm^3 = 66
e) 2,45 ha = 24500
f) 3 620 000 cm^3 = 3,62
g) 0,00139 km^2 =1390
h) 0,00073 m^2 = 730
i) 0,00133 m^3 = 1330
j) 847 dm^3 = 0,847
k) 223 dm^2 = 2,23
l) 0,109 a = 1090
m) 487 000 000 cm^3 = 487
n) 1,71 a = 171
o) 0,42 km^2 = 4200

Ergebnisse: einmal mm^2; einmal dm^2; viermal m^2; einmal a; einmal ha; zweimal mm^3; einmal cm^3; einmal dm^3; dreimal m^3

5. Wandle in die in Klammern angegebene Einheit um.

a) 0,92 kg (g)
b) 0,00319 t (g)
c) 865 g (kg)
d) 0,173 g (mg)
e) 791 kg (t)
f) 73 300 g (t)
g) 289 t (kg)
h) 7 910 000 g (t)
i) 82,3 t (kg)
j) 0,143 t (g)
k) 0,339 g (mg)
l) 0,000465 t (g)
m) 866 000 g (t)
n) 56 300 000 g (t)
o) 112 g (mg)

Ergebnisse: 0,0733; 0,791; 0,865; 0,866 7,91; 56,3; 173; 339; 465; 920; 3190; 82 300; 112 000; 143 000; 289 000

1. Berechne das Ergebnis in der größeren Einheit.

a) 148 € + 7 Cent = ____ f) 94 € – 2320 Cent = ____ k) 74 € + 47 Cent = ____

b) 221 € + 1547 Cent = ____ g) 164 € – 60 Cent = ____ l) 116 € – 912 Cent = ____

c) 67 € + 64 Cent = ____ h) 76 € – 840 Cent = ____ m) 26 € – 72 Cent = ____

d) 50 € – 470 Cent = ____ i) 33 € – 93 Cent = ____ n) 58 € + 537 Cent = ____

e) 172 € – 64 Cent = ____ j) 243 € – 1858 Cent = ____ o) 204 € – 19 Cent = ____

Ergebnisse: 25,28; 32,07; 45,30; 63,37; 67,60; 67,64; 70,80; 74,47; 106,88; 148,07; 163,40; 171,36; 203,81; 224,42; 236,47

2. An der Abendkasse eines Musicaltheaters wurden 55 Karten zu je 90€, 24 Karten zu je 75 € und 16 Karten zu je 45 € verkauft. Wie viel Euro wurden eingenommen?

3. In einer Vorverkaufsstelle wurden für das nächste Fußballspiel 85 Karten zu je 28 €, 270 Karten zu 16 € und 55 Karten zu 13 € verkauft. Wie hoch waren die Einnahmen?

4. Simon kauft 5 Kerzen zu je 1,20 € und 7 Kerzen zu 1,50 €. Wie viel € muss er insgesamt bezahlen?

5. Nilgün kauft Knabbereien für ihre Party. 4 Pakete Salzstangen zu 1,20 €, 5 Tüten Chips zu 1,60 €, 4 Dosen Erdnüsse zu 0,80 €. Wie viel € muss sie insgesamt bezahlen?

6. Nach einer Klassenfahrt bleiben 39 € übrig. Die Klassenlehrerin muss diesen Betrag an 26 Kinder verteilen. Wie viel € bekommt jedes Kind?

7. Für einen Theaterbesuch muss jeder in einer Klasse 17,50 € bezahlen. Wie viel Geld wird eingesammelt, wenn in der Klasse 28 Schüler sind?

Ergebnisse: 1,50; 16; 16,50; 490; 7415; 7470

8. Berechne wie in den Beispielen. Wandle die Größe so um, dass sie kein Komma hat.
Beispiele: *2,35 m · 8 = 235 cm · 8 = 1880 cm* *4,95 m : 5 = 495 cm : 5 = 99 cm*

a) 7,5 dm · 16 f) 0,900 km : 12 k) 41 · 13,8 dm

b) 1,25 m · 22 g) 16,65 m : 37 l) 0,28 m · 44

c) 16 · 4,3 dm h) 10,88 m : 16 m) 85,8 dm : 33

d) 8 · 3,25 m i) 74,8 dm : 22 n) 1,35 m · 12

e) 4,26 m · 15 j) 24,66 m : 18 o) 32,40 m : 27

Ergebnisse: 26; 34; 45; 68; 75; 120; 137; 688; 1200; 1232; 1620; 2600; 2750; 5658; 6390

9. Berechne wie in den Beispielen.
Beispiele: *12 m : 25 cm = 1200 cm : 25 cm = 48* *17, 50 m : 35 cm = 1750 cm : 35 cm = 50*

a) 508 m : 4 m f) 31,20 m : 40 cm k) 158,4 dm : 24 cm p) 51,10 m : 14 cm

b) 705 dm : 15 dm g) 13,80 m : 60 cm l) 630 cm : 1,8 dm q) 113,9dm : 1,7dm

c) 945 cm : 27 cm h) 42 dm : 15 cm m) 855 cm : 1,9 dm r) 9,23 m : 1,3 dm

d) 432 dm : 12 dm i) 132 dm : 2,4 dm n) 75,6 dm : 21 cm s) 4,18 m : 3,8 dm

e) 6240 cm : 26 cm j) 7,92 m : 18 cm o) 117 m : 50 cm t) 7,68 m : 1,6 dm

Ergebnisse: 11; 23; 28; 35; 35; 36; 36; 44; 45; 47; 48; 55; 66; 67; 71; 78; 127; 234; 240; 365

10. Wie viele Stücke mit einer Länge von 36 cm kann Daniel aus einer Holzlatte schneiden, die eine Länge von 2,25 m hat? (Verschnitt bleibt unberücksichtigt.)

1. Berechne das Ergebnis in der kleineren Einheit.

a) 26 dm + 41 cm = ______
b) 66 m + 55 dm = ______
c) 36 km – 7400 m = ______
d) 50 km + 940 m = ______
e) 55 m + 65 dm = ______
f) 58 cm – 76 mm = ______
g) 41 dm – 52 cm = ______
h) 14 km + 890 m = ______
i) 70 m – 86 dm = ______
j) 17 m + 56 dm = ______
k) 28 cm – 87 mm = ______
l) 20 m – 49 dm = ______
m) 32 cm – 42 mm = ______
n) 70 m + 80 dm = ______
o) 30 cm + 51 mm = ______

Ergebnisse: 151; 193; 226; 278; 301; 351; 358; 504; 614; 615; 715; 780; 14 890; 28 600; 50 940

2. Berechne die fehlende Größe.

a) 44 cm + 92 mm = ☐ cm
b) ☐ m – 83 dm = 437 dm
c) 41 m – 93 dm = ☐ dm
d) 14 km + 50 000 m = ☐ km
e) ☐ cm – 55 mm = 405 mm
f) 43 cm – 46 mm = ☐ mm

g) 65 m + 74 dm = ☐ dm
h) 42 dm + ☐ cm = 48,2 dm
i) 20 m – 52 dm = ☐ m
j) 18 cm + ☐ mm = 24,5 cm
k) 68 cm + ☐ mm = 75 cm
l) ☐ cm + 65 mm = 445 mm

Ergebnisse :14,8; 38; 46; 52; 53,2; 62; 64; 65; 70; 317; 384; 724

3. Berechne das Ergebnis in der größeren Einheit.

a) 58 kg + 57 000 g = ______
b) 27 t + 5000 kg = ______
c) 38 t + 60 000 kg = ______
d) 50 t – 770 kg = ______
e) 58 kg + 53 000 g = ______
f) 81 kg + 56 000 g = ______
g) 31 t – 4600 kg = ______
h) 38 kg + 830 000 g = ______
i) 52 g + 8200 mg = ______
j) 19 t + 480 000 kg = ______
k) 26 g + 5200 mg = ______
l) 26 g + 820 000 mg = ______
m) 25 g – 72 mg = ______
n) 71 t – 5600 kg = ______
o) 45 t + 730 kg = ______

Ergebnisse: 24,928; 26,4; 31,2; 32; 45,73; 49,23; 60,2; 65,4; 98; 111; 115; 137; 499; 846; 868

4. Berechne die fehlende Größe

a) 60 g – 51 mg = ☐ mg
b) 75 g – ☐ mg = 69 900 mg
c) ☐ g – 400 mg = 67 600 mg
d) 63 g – ☐ mg = 62 955 mg
e) 29 t + ☐ kg = 35 800 kg

f) ☐ kg – 44 g = 17 956 g
g) 47 g + ☐ mg = 54 300 mg
h) ☐ t + 8200 kg = 33 200 kg
i) 44 g + 370 mg = ☐ mg
j) 29 kg + 720 g = ☐ g

Ergebnisse: 18; 25; 45; 68; 5100; 6800; 7300; 29 720; 44 370; 59 949

5. Berechne wie in den Beispielen. Gib das Ergebnis in der Einheit der Aufgabe an.
Beispiele: *120 **g** · 250 = 30 000 **g*** *1,2 **kg** · 15 = 1200 g · 15 = 18 000 g = 18 **kg***

a) 24 g · 320
b) 55 g · 34
c) 78 kg · 41
d) 12 t · 28
e) 2,5 kg · 36
f) 3,7 t · 130
g) 0,3 g · 230
h) 1,2 kg · 185
i) 2,45 kg · 220
j) 2,5 g · 84
k) 0,045 kg · 2400
l) 0,42 t · 150
m) 6,4 kg · 55
n) 0,045 t · 800
o) 17,2 kg · 85
p) 3,2 g · 320

Ergebnisse: 36; 63; 69; 90; 108; 210; 222; 336; 352; 481; 539; 1024; 1462; 1870; 3198; 7680

1. Eine Buchhandlung liefert einer Schule 150 Mathematikbücher. Jedes Buch wiegt 540 g. Berechne das Gesamtgewicht in Kilogramm.

2. Eine Packung mit CDs wiegt 1050 g. Auf einer Palette befinden sich insgesamt 640 Packungen. Bestimme das Gesamtgewicht in Kilogramm.

3. 0,48 kg Tee sollen in Teebeutel abgefüllt werden. In jedem Teebeutel befinden sich 2 g. Wie viele Teebeutel können abgefüllt werden?

4. Ein Schinken wiegt 4,2 kg. Er wird in Scheiben geschnitten, die jeweils 35 g wiegen. Wie viele Scheiben werden aus dem Schinken geschnitten?

5. Ein LKW hat 1,74 t Äpfel in Kisten geladen. In jeder Kiste befinden sich 12 kg. Wie viele Kisten hat der LKW geladen?

6. Frau Stein trägt Zeitungen aus. Eine Zeitung wiegt 420 g. Insgesamt trägt sie 140 Zeitungen aus. Wie viel Kilogramm wiegen alle Zeitungen?

7. Wie viel Tonnen wiegen 225 Pakete, wenn ein Paket 15 kg wiegt?

8. Berechne. Im Ergebnis darf die Minutenzahl nie größer als 59 Minuten sein.

a) 47 min + 56 min
b) 1 h 13 min + 49 min
c) 3 h 15 min – 45 min
d) 2 h 16 min – 21 min
e) 4 h 12 min – 1 h 21 min
f) 5 h 34 min + 3 h 40 min
g) 6 h 16 min – 2 h 24 min
h) 3 h 31 min + 2 h 49 min
i) 2 h 38 min + 2 h 26 min
j) 3 h 49 min + 2 h 12 min
k) 7 h 11 min – 5 h 59 min
l) 3 h 51 min + 2 h 29 min

Ergebnisse: 1 h 12 min; 1 h 43 min; 1 h 55 min; 2 h 2 min; 2 h 30 min; 2 h 51 min; 3 h 52 min; 5 h 4 min; 6 h 1 min; 6 h 20 min; 6 h 20 min; 9 h 14 min

9. Berechne jeweils die fehlende Größe.

Abfahrt	9.30 Uhr	11.32 Uhr	6.51 Uhr		13.21 Uhr		16.53 Uhr	
Ankunft	11.21 Uhr	19.00 Uhr		18.11 Uhr		23.11 Uhr	1.12 Uhr	3.34 Uhr
Fahrzeit			2 h 13 min	5 h 13 min	5 h 17 min	12 h 12 min		11 h 11 min

Ergebnisse: 1 h 51 min; 7h 28 min; 8h 19 min; 9.04 Uhr; 11.10 Uhr; 12.58 Uhr; 16.23 Uhr; 18.38 Uhr

10. Wie oft schlägt dein Herz an einem Tag, wenn es pro Minute 78 mal schlägt?

11. Wie viel Minuten Unterricht hast du in 22 Wochen, wenn du jede Woche 28 Stunden hast und eine Unterrichtsstunde 45 Minuten dauert?

12. Ein Autoreifen dreht sich bei einer bestimmten Geschwindigkeit 625 mal pro Minute. Wie viele Umdrehungen macht der Reifen bei konstanter Geschwindigkeit in 3 h 25 min?

13. Herr Diem stellt sein Auto um 11.41 Uhr an einer Parkuhr ab. Er bezahlt für $1\frac{1}{2}$ h Parkzeit. Um 12.55 Uhr kommt er zurück. Wie viele Minuten Parkzeit hätte er noch gehabt?

14. Familie Flaake startet um 9.30 Uhr zu ihrem Norwegenurlaub. Am nächsten Morgen kommen sie um 8.55 Uhr in Oslo an. Berechne die Reisedauer.

15. Der Schall legt in 1 Sekunde 334 m zurück. Harald hört den Donner 12 Sekunden nachdem es geblitzt hat. Wie viel Kilometer ist das Gewitter noch entfernt?

Ergebnisse aller Textaufgaben: 3,375 t; 4,008 km ; 16 min; 23 h 25 min; 58,8 kg; 81 kg; 120 Scheiben, 145 Kisten; 240 Beutel; 672 kg; 27 720 min; 128 125 mal; 112 320 mal

Eine **Strecke** ist die kürzeste Verbindung zwischen zwei Punkten.

Du kannst eine Strecke durch einen kleinen lateinischen Buchstaben bezeichnen oder durch ihre Endpunkte mit großen Buchstaben.

Beispiel:

A a B

Strecke $\overline{AB}$ = Strecke a

1. Miss die Längen der Strecken und übertrage die Strecken in dein Heft.

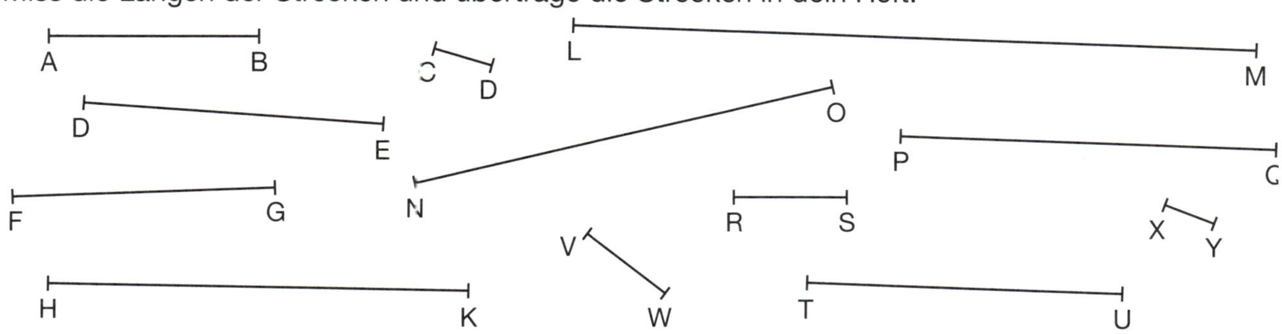

2. Zeichne die Strecken in dein Heft.

a) $\overline{AB}$ = 4 cm	f) $\overline{DE}$ = 1 dm	k) a = 41 mm	p) h = 4,0 cm
b) $\overline{CD}$ = 6 cm	g) $\overline{NM}$ = 39 mm	l) $\overline{FG}$ = 5 cm	q) f = 57 mm
c) $\overline{EF}$ = 3 cm	h) a = 5,8 cm	m) d = 72 mm	r) $\overline{RS}$ = 9 cm
d) $\overline{GH}$ = 25 mm	i) $\overline{OP}$ = 7,0 cm	n) $\overline{DE}$ = 8,4 cm	s) g = 18 mm
e) $\overline{KL}$ = 47 mm	j) b = 0,9 cm	o) c = 55 mm	t) $\overline{CD}$ = 12 cm

3. Miss die Strecken in den Streckenzügen. Berechne die Gesamtlänge des Streckenzugs.

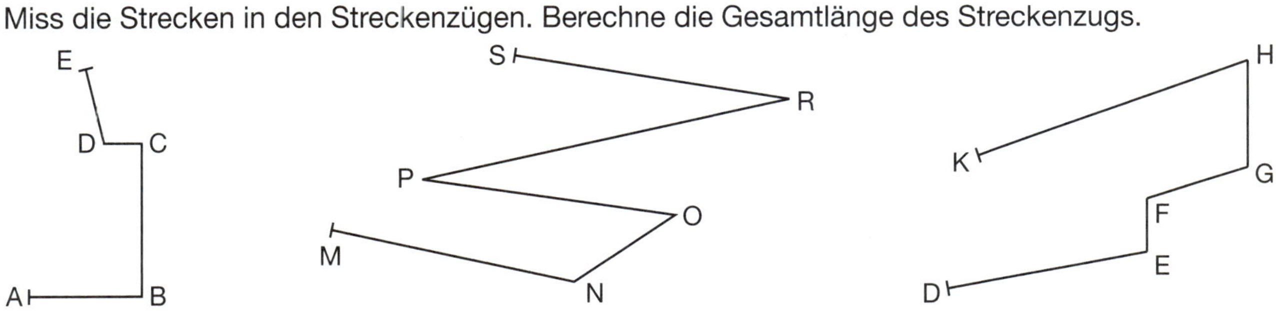

a) $\overline{ABCDE}$ b) $\overline{MNOPRS}$ c) $\overline{DEFGHK}$

Zur Kontrolle: Die Länge der 3 Streckenzüge beträgt zusammen 32 cm.

4. Miss alle Strecken in den abgebildeten Flächen und notiere sie in deinem Heft.

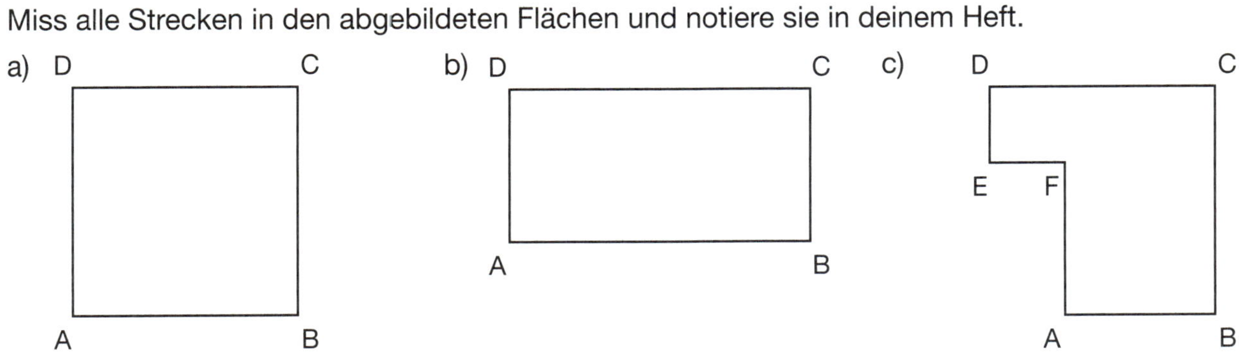

Eine **Gerade** hat keinen Anfangspunkt und keinen Endpunkt.
Zwei Punkte legen genau eine Gerade fest.
Beispiel:

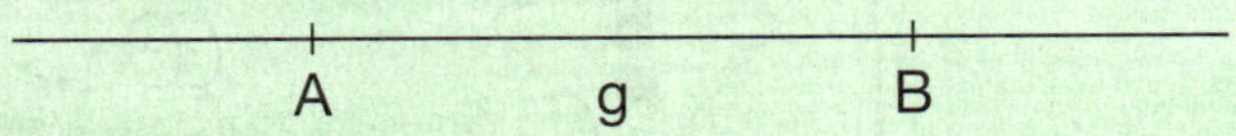

Gerade AB = Gerade g

Eine **Halbgerade** (ein Strahl) hat einen Anfangspunkt aber keinen Endpunkt.
Beispiel:

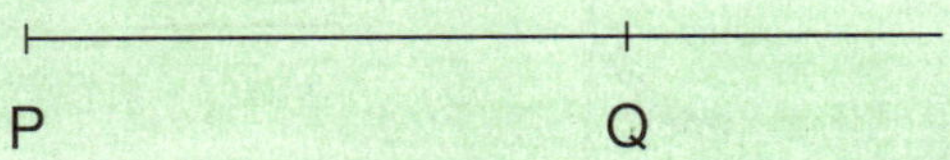

Halbgerade $\overline{PQ}$

1. Bestimme die Geraden und Halbgeraden.
Trage in die Tabelle ein.

Geraden	Halbgeraden

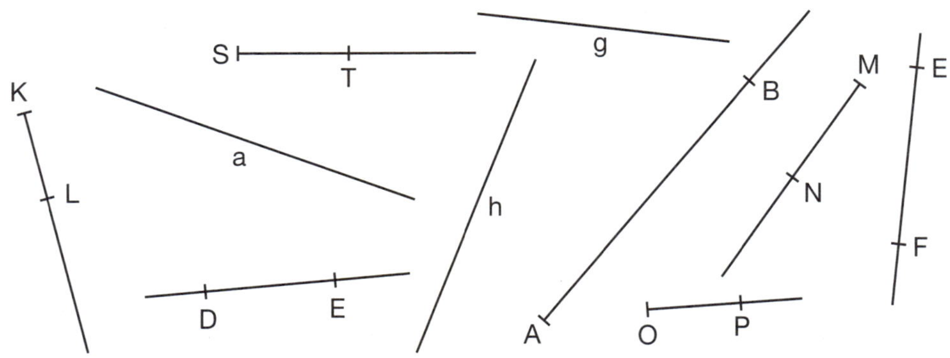

Zur Kontrolle: 5 Geraden und 5 Halbgeraden

2. Zeichne 3 beliebige Geraden und 3 beliebige Halbgeraden in dein Heft.
Beschrifte die Geraden und die Halbgeraden vollständig.

3. Die Punkte A, B, C und D sind gegeben. Zeichne durch je zwei Punkte dieser Punkte Geraden.
Wie viele Geraden kannst du zeichnen? Benenne die Geraden mit den Buchstaben, die ihren Verlauf bestimmen.

4. Wie viele verschiedene Geraden lassen sich durch 3 Punkte – die nicht auf einer Geraden liegen – zeichnen, wenn immer zwei der drei Punkte auf einer Geraden liegen? Fertige zu deiner Antwort eine Zeichnung an.

5. Drei Punkte A, B, und C liegen auf einer Geraden. Notiere alle Möglichkeiten durch je zwei der drei Punkte eine Halbgerade zu beschreiben.

6. Wie viele Geraden lassen sich durch einen Punkt P zeichnen?

7. Zeichne 2 Geraden so, dass sie a) keinen Schnittpunkt b) einen Schnittpunkt haben.
c) Können zwei Geraden zwei Schnittpunkte haben?

Die **Geraden** g und h stehen **senkrecht** zueinander, sie bilden rechte Winkel.

Beispiel: g ist senkrecht zu h – du schreibst: **g ⊥ h**.
Es gilt auch: h ⊥ g.

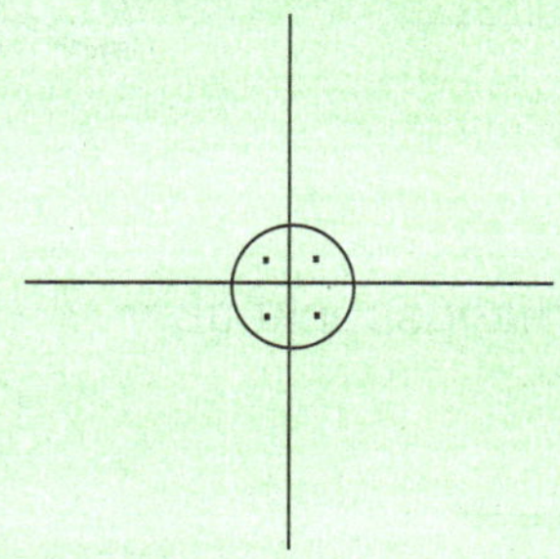

Zeichen für einen rechten Winkel: 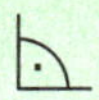

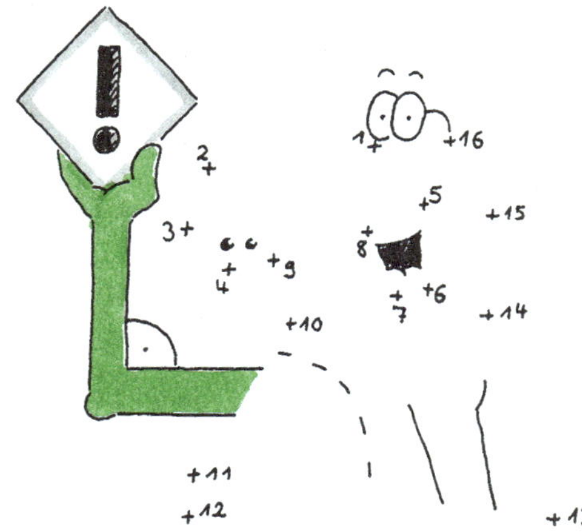

1. Betrachte dein Geodreieck. Wo findest du rechte Winkel? Zeichne mit Hilfe deines Geodreiecks zwei Geraden in dein Heft, die senkrecht zueinander stehen.

2. Welche Geraden stehen senkrecht zueinander? Trage das Zeichen ⊥ in die Tabelle ein.

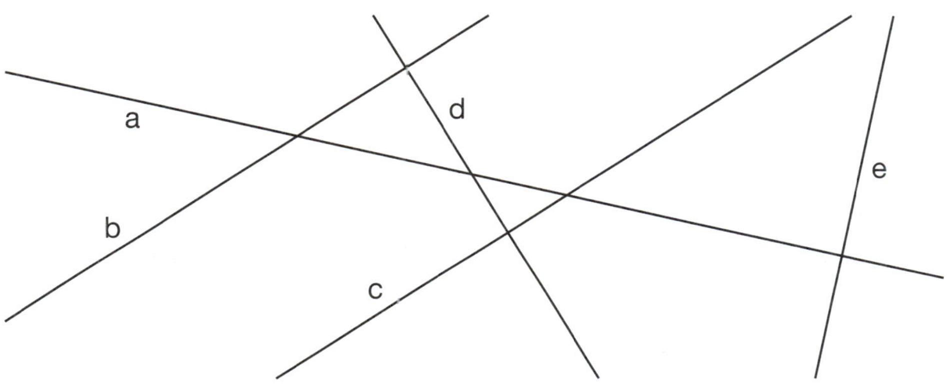

	a	b	c	d	e
a					
b					
c					
d					
e					

Zur Kontrolle: 6 mal ⊥

3. Zeichne durch die gegebenen Punkte A, B und C jeweils die Geraden, die senkrecht zur Geraden g stehen. Wiederhole die Übung mit einer Geraden h und drei beliebigen Punkten D, E und F.

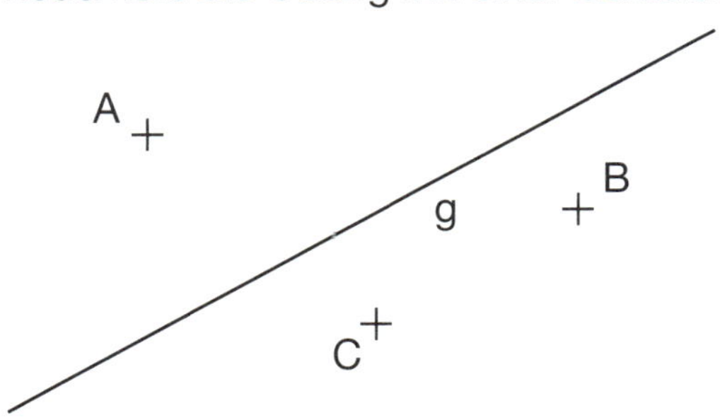

4. Entscheide, ob die Aussage wahr oder falsch ist. Notiere hinter der Aussage w oder f.

a) In der Aufgabe 3 lassen sich die Geraden AC und BC zeichnen. Es gilt: AC ⊥ BC.	
b) Die Höhe eines Raumes wird immer senkrecht gemessen.	
c) In einem Quadrat stehen benachbarte Seiten stets senkrecht zueinander.	
d) In jedem Bücherregal stehen alle Bücher senkrecht.	
e) Häuserwände werden mit Hilfe eines Lotes so gebaut, dass sie senkrecht stehen.	
f) Zwei Geraden, die senkrecht zueinander sind, haben einen Schnittpunkt.	
g) Alle Türme stehen senkrecht.	

Zur Kontrolle: 4 wahre Aussagen und 3 falsche Aussagen

Zwei Geraden g und h, die zu einer dritten Gerade senkrecht stehen, heißen **zueinander parallel.**

Beispiel: g ist parallel zu h – du schreibst: **g II h**
Es gilt auch: h II g und g II g sowie h II h.

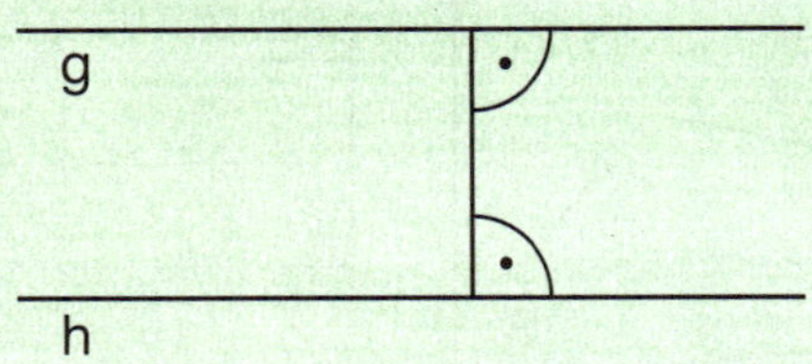

Parallele Geraden haben überall den **gleichen Abstand.**
Parallele Geraden haben **keinen** gemeinsamen **Schnittpunkt.**

1. Zeichne mit Hilfe deines Geodreiecks parallele Geraden.

a) Zeichne eine Gerade g und drei Geraden, die zu g parallel sind.

b) Zeichne zu einer Geraden h eine Parallele im Abstand von 3 cm.

c) Zeichne einen Punkt A und eine Gerade d, die nicht durch A läuft. Zeichne eine Parallele zur Geraden d durch den Punkt A.

d) Zeichne zwei Geraden – g und h –, die parallel sind. Bestimme ihren Abstand in mm.

e) Zeichne 5 parallele Geraden, die alle einen Abstand von 9 mm voneinander haben.

f) Zeichne eine Gerade a so, dass sie 2 parallele Geraden b und c, senkrecht schneidet.

g) Miss in der Tabelle der Aufgabe 2 die Abstände der parallelen Linien (Geraden), die senkrecht verlaufen und die Abstände der waagerecht verlaufenden Linien.

2. Welche Geraden sind parallel zueinander? Trage das Zeichen II in die Tabelle ein.
Hinweis: Für jede Gerade g gilt: g II g.

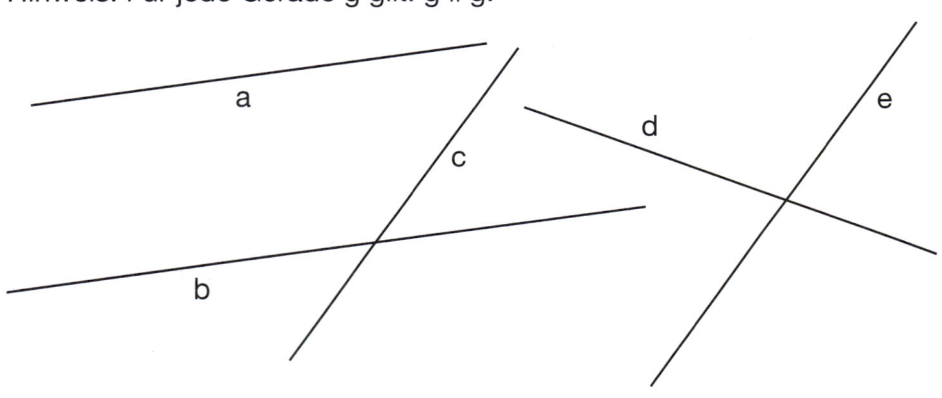

	a	b	c	d	e
a					
b					
c					
d					
e					

Zur Kontrolle: 9 mal II

3. Entscheide, ob die Aussage wahr oder falsch ist. Notiere hinter der Aussage w oder f.
Fertige zu den Aussagen a, b, d, und e jeweils eine Zeichnung an.

a) In Quadraten und Rechtecken sind die gegenüberliegenden Seiten parallel.	
b) Die Diagonalen in einem Rechteck verlaufen parallel zueinander.	
c) In Rechenheften verlaufen alle Linien parallel oder senkrecht zueinander.	
d) Zwei Geraden, die im Heft keinen Schnittpunkt haben, sind immer parallel.	
e) Mit dem Geodreieck kann man keine parallelen Geraden zeichnen.	
f) Geraden, die sich nicht schneiden, sind immer parallele Geraden.	

Zur Kontrolle: 3 wahre Aussagen und 3 falsche Aussagen

1. Trage die Bezeichnungen für die Strecken, Geraden und Halbgeraden in die Tabelle ein.

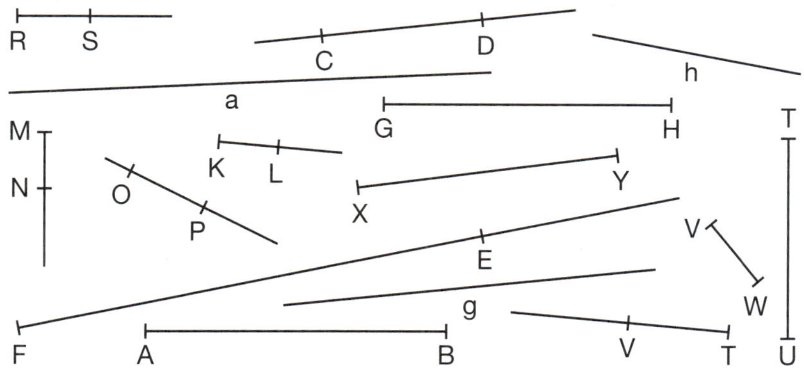

Strecken	Geraden	Halbgeraden

Zur Kontrolle: In jeder Spalte 5 Eintragungen

2. Ordne jeder Abbildung die richtige Aussage zu. Schreibe die entsprechende Satznummer in das freie Feld darunter.
1. Die drei Geraden haben keinen gemeinsamen Schnittpunkt. 2. Die drei Geraden haben einen gemeinsamen Schnittpunkt. 3. Die drei Geraden haben zwei Schnittpunkte. 4. Die drei Geraden haben drei Schnittpunkte.

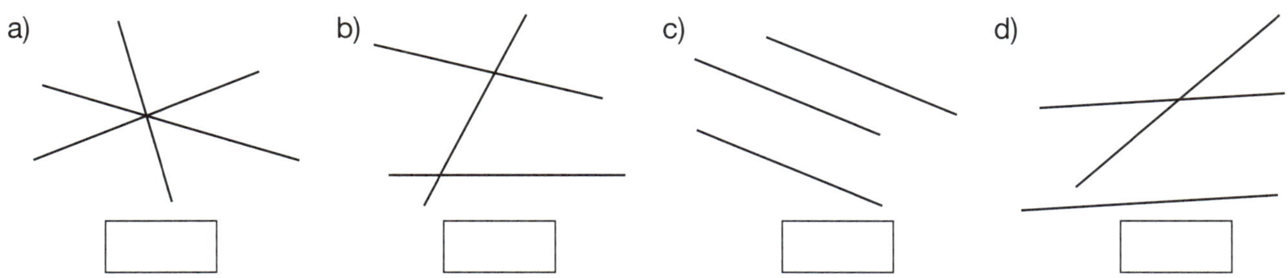

3. Welche Geraden stehen senkrecht zueinander – welche sind parallel zueinander? Trage die Zeichen ⊥ und ∥ in die Aussagen unter den Geraden.

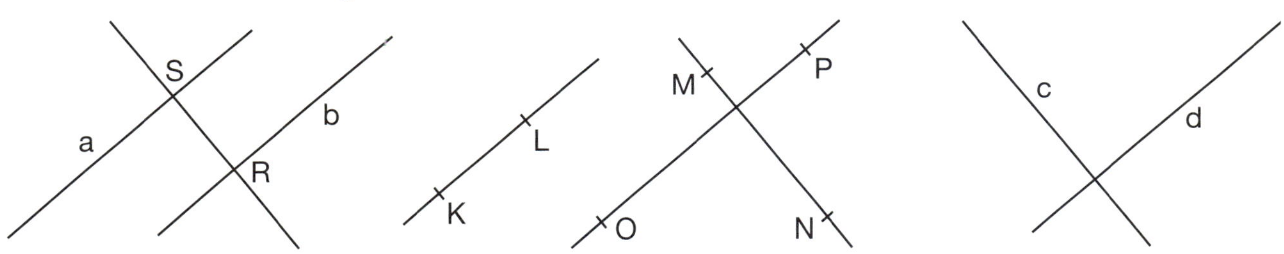

a) a □ b	d) SR □ c	g) a □ c	j) NM □ b
b) KL □ c	e) MN □ OP	h) OP □ SR	k) b □ c
c) d □ KL	f) OP □ b	i) d □ a	l) SR □ MN

Zur Kontrolle: 6 mal ∥ und 6 mal ⊥

4. Zeichne zwei Geraden a und b, die senkrecht zueinander stehen. Zeichne eine dritte Gerade c so, dass die drei Geraden nur einen gemeinsamen Schnittpunkt haben.

5. Begründe: Zwei Geraden g und h, die parallel zueinander sind, können nicht von einer dritten Gerade c so geschnitten werden, dass die 3 Geraden nur einen gemeinsamen Schnittpunkt haben.

6. Durch zwei Punkte A und B kann eine Halbgerade, eine Gerade oder eine Strecke angegeben werden. Zeichne je ein Beispiel und beschrifte vollständig.

7. Drei Geraden e, f und g haben drei Schnittpunkte miteinander. Können zwei der Geraden parallel sein? Können zwei der Geraden senkrecht zueinander sein? Fertige zu deinen Aussagen jeweils eine Zeichnung an.

1. Benutze das Geodreieck.

a) Zeichne durch die Punkte P, Q und R senkrechte Geraden zu g.

b) Welche Abstände haben die senkrechten Geraden voneinander?

c) Zeichne zur Geraden g je eine parallele Gerade durch die Punkte Q und R.

d) Wie viele Schnittpunkte haben sich durch das Zeichnen der Geraden ergeben?

e) Bestimme die Abstände der Punkte Q und R zur Geraden g.

f) Zeichne die Strecken $\overline{PQ}$, $\overline{QR}$ und $\overline{PR}$.

g) Wie lang sind die Strecken $\overline{PQ}$, $\overline{QR}$ und $\overline{PR}$?

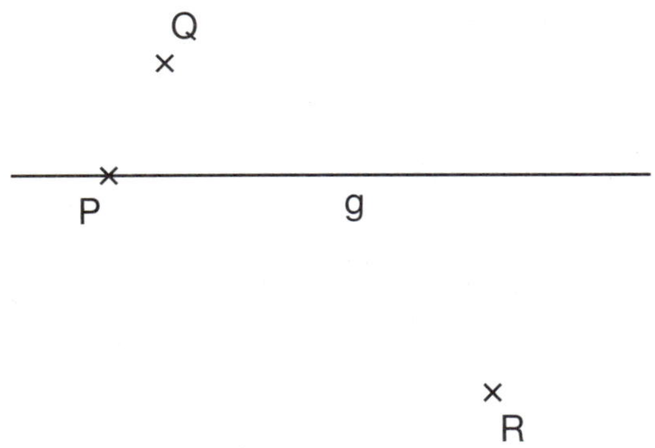

2. Rechteck und Quadrat

a) Beschreibe die Eigenschaften der Seiten. Verwende ⊥ und ||.

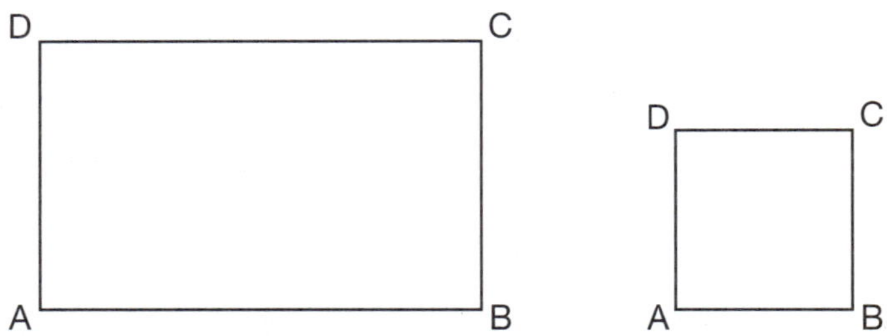

b) Zeichne in beiden Flächen die Diagonalen ein.

c) Miss in beiden Flächen alle Strecken.

3. Zeichne vier Geraden, so dass gilt: a ⊥ b; b || c und c ⊥ d.

a) Was gilt für die Geraden b und d ? b ☐ d

b) Was gilt für die Geraden a und c ? a ☐ c

c) Was gilt für die Geraden a und d ? a ☐ d

4. Eine Gerade a ist parallel zur Geraden b, aber nicht zur Geraden c. Die Gerade c ist senkrecht zur Geraden d. Es gibt zwei verschiedene Möglichkeiten.

a) Die vier Geraden haben fünf Schnittpunkte. Was gilt für die Geraden a und c ?

b) Die vier Geraden haben genau drei Schnittpunkte. Was gilt für die Geraden a und c ?

c) Zeichne die vier Geraden für die Lösung a) und für die Lösung b).

5. Setze die fehlenden Begriffe ein:

______________ haben einen Anfangspunkt und einen Endpunkt. Diese Punkte werden mit ______________ Buchstaben gekennzeichnet. ______________ haben keinen Anfangspunkt und keinen Endpunkt. Sie werden mit ______________ Buchstaben bezeichnet. Einen Anfangspunkt aber keinen Endpunkt hat die ______________, man nennt sie auch ______________ . Geraden, die keinen Schnittpunkt haben, sind ______________ zueinander. Geraden können auch einen rechten Winkel miteinander bilden, dann sagt man sie sind ______________ zueinander.

Zur Kontrolle: kleinen; großen; parallel; senkrecht; Halbgerade; Geraden; Strahl; Strecken

Ein **Quadrat** hat vier rechte Winkel und vier gleich lange Seiten.

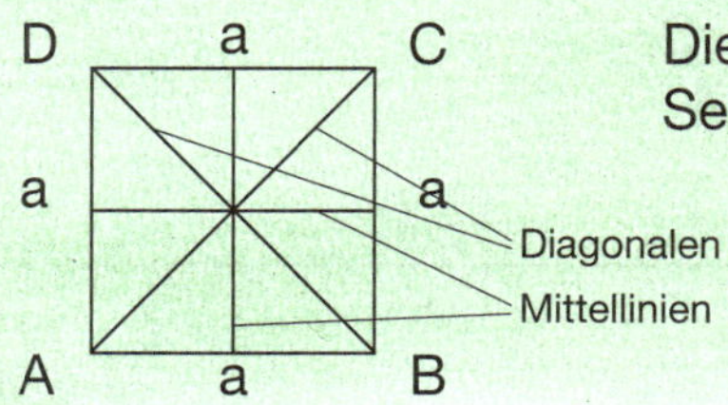

Die gegenüberliegenden Seiten sind parallel.

1. Zeichne die Quadrate auf unliniertem Papier.
a) a = 5 cm b) a = 4,7 cm c) a = 32 mm d) a = 1 dm e) a = 55 mm f) a = 1,8 cm

2. Wie viele Quadrate kannst du in der Zeichnung entdecken? Notiere jeweils die Eckpunkte der Quadrate und miss die Seitenlängen.

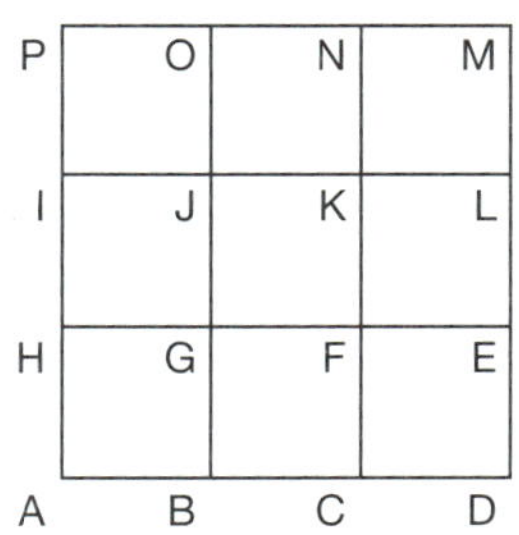

Zur Kontrolle: Quadrate mit 3 verschiedenen Seitenlängen

3. Zeichne ein Quadrat mit der Seitenlänge a = 6 cm. Zeichne die Mittellinien und die Diagonalen in das Quadrat ein. Miss die Längen der Mittellinien und der Diagonalen.

4. Zeichne ein Quadrat
a) dessen Mittellinien 4,8 cm lang sind, b) dessen Diagonalen 4,8 cm lang sind.
c) Bestimme für beide Quadrate ihre Seitenlänge a.

5. Entscheide, ob die Aussage wahr oder falsch ist. Kreuze in der Tabelle richtig an.

Eigenschaften von Quadraten	wahr	falsch
a) Alle Seiten des Quadrates sind gleich lang.		
b) Gegenüberliegende Seiten sind parallel.		
c) Benachbarte Seiten bilden einen rechten Winkel.		
d) Die Diagonalen sind genauso lang wie die Mittellinien.		
e) Die Mittellinien sind senkrecht zueinander.		
f) Die Mittellinien sind gleich lang.		
g) Die Mittellinien halbieren sich.		
h) Die Mittellinien teilen das Quadrat in 4 gleich große Quadrate.		
i) Die Diagonalen sind senkrecht zueinander.		
j) Die Diagonalen sind gleich lang.		
k) Die Diagonalen halbieren sich.		
l) Die Diagonalen teilen das Quadrat in 4 gleich große Quadrate.		

Zur Kontrolle: 10 wahre Aussagen und 2 falsche Aussagen

Ein **Rechteck** hat vier rechte Winkel.
Die gegenüberliegenden Seiten sind gleich lang und parallel.

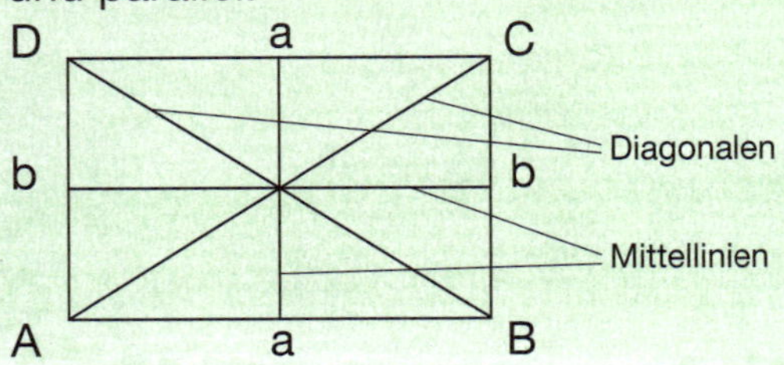

1. Zeichne die Rechtecke auf unliniertem Papier.

a) a = 5 cm, b = 2 cm
b) a = 4 cm, b = 3 cm
c) a = 3,2 cm, b = 5,3 cm
d) a = 65 mm, b = 28 mm
e) a = 4,6 cm, b = 39 mm
f) a = 22 mm, b = 0,8 cm

2. Zeichne ein Rechteck mit der Seitenlänge a = 7 cm und b = 5 cm. Zeichne die Mittellinien und die Diagonalen in das Rechteck ein. Miss die Längen der Mittellinien und der Diagonalen.

3. Zeichne ein Rechteck, dessen Mittellinien 4,8 cm und 2,6 cm lang sind. Zeichne in das Rechteck die Diagonalen und miss ihre Längen. Wie lang sind die Seiten a und b ?

4. Entscheide, ob die Aussage wahr oder falsch ist. Kreuze in der Tabelle richtig an.

Eigenschaften von Rechtecken	wahr	falsch
a) Alle Seiten eines Rechtecks sind gleich lang.		
b) Gegenüberliegende Seiten sind parallel.		
c) Benachbarte Seiten bilden einen rechten Winkel.		
d) Die Diagonalen sind genauso lang wie die Mittellinien.		
e) Die Mittellinien sind senkrecht zueinander.		
f) Die Mittellinien sind gleich lang.		
g) Die Mittellinien halbieren sich.		
h) Die Mittellinien teilen das Rechteck in 4 gleich große Rechtecke.		
i) Die Diagonalen sind senkrecht zueinander.		
j) Die Diagonalen sind gleich lang.		
k) Die Diagonalen halbieren sich.		
l) Die Diagonalen teilen das Rechteck in 4 gleich große Rechtecke.		

Zur Kontrolle: 7 wahre Aussagen und 5 falsche Aussagen

5. In einem Rechteck ist die Seite a = 8,2 cm lang. Der Schnittpunkt der Diagonalen hat von der Seite a einen Abstand von 3 cm. Zeichne das Rechteck. Wie lang ist die Seite b und welche Länge haben die Diagonalen?

6. In einem Rechteck ist die Seite a doppelt so lang wie die Seite b. Die kürzere der Mittellinien hat eine Länge von 3,2 cm. Zeichne das Rechteck mit den Mittellinien und den Diagonalen. Notiere die Längen aller gezeichneten Strecken.

7. Zeichne das Rechteck: AB = 7,1 cm; die Diagonale AC = 8,2 cm. Miss die Seitenlänge BC.

Ergebnisse zur 2., 3., 5., 6. und 7. Aufgabe in cm: 2,6; 3,2; 3,2; 4,2; 4,8; 5; 5,5; 5,5; 6; 6,4; 6,4; 7; 7,2; 7,2; 8,6; 8,6; 10,2

Flächen – Quadrate und Rechtecke

1. Zeichne die Rechtecke.

a) a = 6 cm	b) a = 7 cm	c) a = 11 cm	d) a = 1 dm	e) a = 64 mm	f) a = 8,8 cm
b = 3 cm	b = 5 cm	b = 9 cm	b = 8 cm	b = 64 mm	b = 8,8 cm

g) Zeichne in die Rechtecke a), b), c) und d) Quadrate mit einer Seitenlänge von a = 1cm. Lege immer die gesamten Flächen mit diesen Quadraten aus. Wie viele Quadrate kannst du in die Rechtecke zeichnen?

h) Die Rechtecke der Aufgaben e) und f) sind besondere Rechtecke. Wie nennt man sie?

i) Teile das Rechteck der Aufgabe a) in zwei gleich große Quadrate. Wie lang sind in den Quadraten die Diagonalen? Wie lang sind die Diagonalen im Rechteck?

j) In das Rechteck der Aufgabe d) kannst du auch 20 gleich große Quadrate hineinzeichnen. Welche Seitenlänge hat jedes dieser Quadrate?

k) Zeichne in das Rechteck der Aufgabe a) die Mittellinien ein. Wie heißen die Flächen, die entstehen? Miss die Seitenlängen der Teilflächen.

l) Teile die Flächen der Aufgabe e) und f) in jeweils vier gleich große Quadrate. Wie lang sind die Seitenlängen dieser Quadrate? Gib in cm an.

m) Teile die Flächen der Aufgabe e) und f) in jeweils vier gleich große Rechtecke. Wie lang sind die Seitenlängen dieser Rechtecke? Gib in cm an.

Ergebnisse (ohne Einheiten): 1,5; 1,6; 2; 2,2; 3; 3,2; 3,3; 4,2; 4,4; 6,4; 6,7; 8,8; 18; 35; 80; 99 – 1 Zahl ist zu viel!

2. Welche Flächen sind Rechtecke, welche Flächen sind Quadrate? Ordne die Nummer der Fläche richtig zu. Beachte: Jedes Quadrat ist auch ein Rechteck!

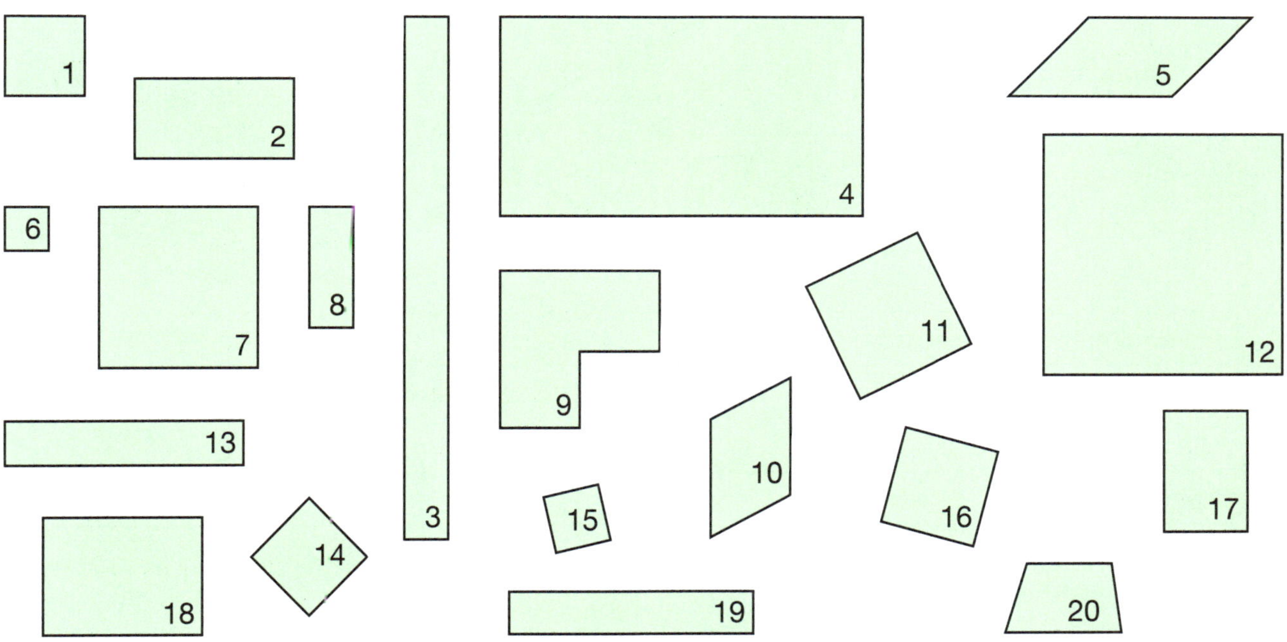

Rechtecke: ______________________________

Quadrate: ______________________________

Zur Kontrolle: 16 Rechtecke und 8 Quadrate.

3. Zeichne 16 gleich große Quadrate mit einer Seitenlänge von 1 cm aneinander. Ordne die Quadrate so an, dass andere Formen für ein gleich großes Rechteck entstehen.

a) Wie viele verschiedene Anordnungen der 16 Quadrate sind möglich?

b) Welche Seitenlängen haben die Rechtecke?

Ergebnisse (ohne Einheiten): 1; 2; 3; 4; 4; 8; 16; 20 – 1 Zahl ist zu viel!

Einteilung der **Dreiecke** nach ihren Seitenlängen:

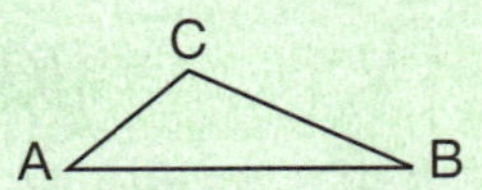

Unregelmäßiges Dreieck
- Alle Seiten sind verschieden lang.

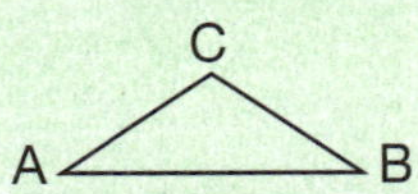

Gleichschenkliges Dreieck
- Zwei Seiten sind gleich lang.

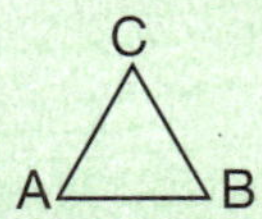

Gleichseitiges Dreieck
- Alle Seiten sind gleich lang.

Ein **Parallelogramm** ist ein Viereck, in dem die gegenüberliegenden Seiten parallel sind.

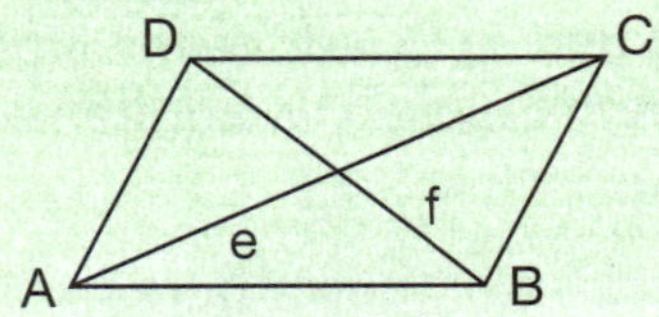

e und f sind Diagonalen

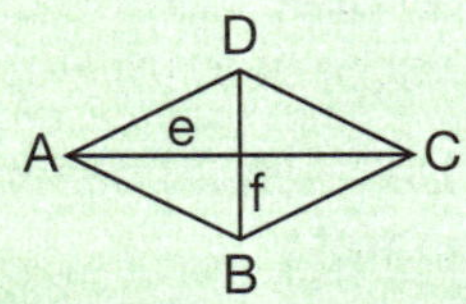

Raute (Rhombus)
- Alle Seiten sind gleich lang.

Ein **Trapez** ist ein Viereck, in dem zwei Seiten parallel sind.

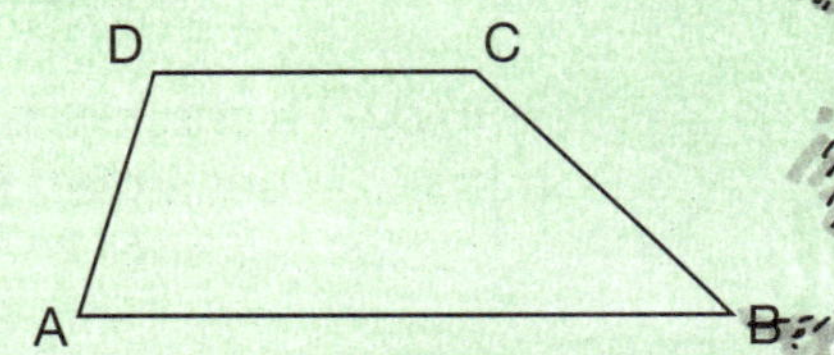

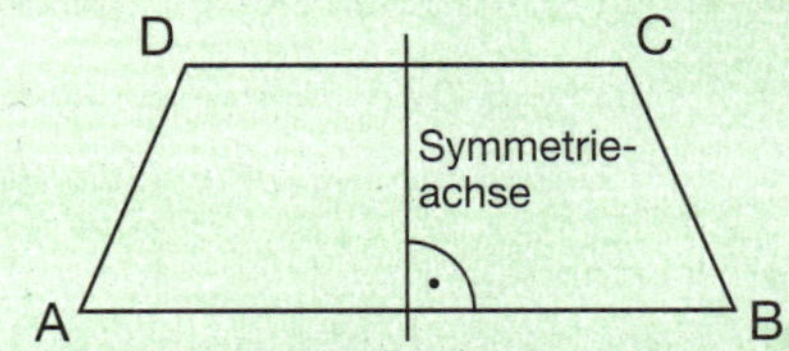

Gleichschenkliges Trapez
- Es hat eine Symmetrieachse, die auf den parallelen Seiten senkrecht steht.

1. Benenne die Flächen. Trage die Nummer der Fläche in die Tabelle ein.

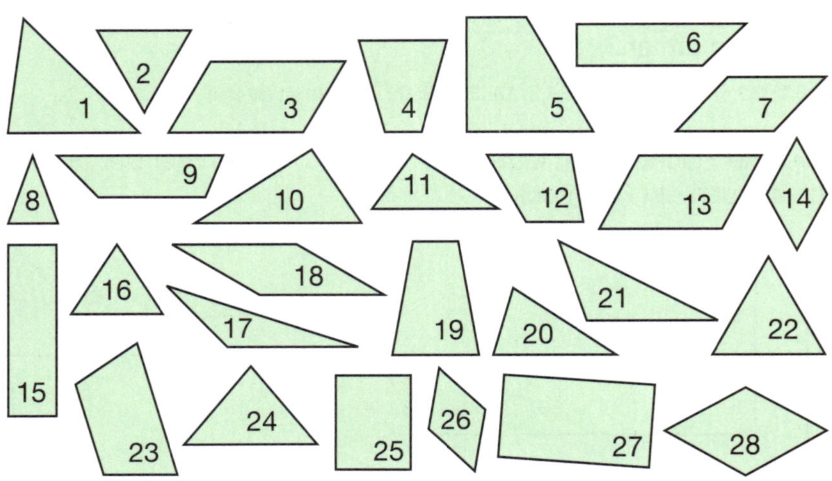

Unregelmäßiges Dreieck		Trapez	
Gleichschenkliges Dreieck		Gleichschenkliges Trapez	
Gleichseitiges Dreieck		Parallelogramm	
Rechteck		Raute	

Zur Kontrolle: 4 unregelmäßige Dreiecke; 4 gleichschenklige Dreiecke; 3 gleichseitige Dreiecke; 3 Rechtecke; 4 Trapeze; 3 gleichschenklige Trapeze; 4 Parallelogramme; 3 Rauten

2. Ein Viereck, bei dem eine Diagonale Symmetrieachse ist, heißt Drachenviereck oder kurz Drachen. Miss alle Strecken in den abgebildeten Drachen.

a)

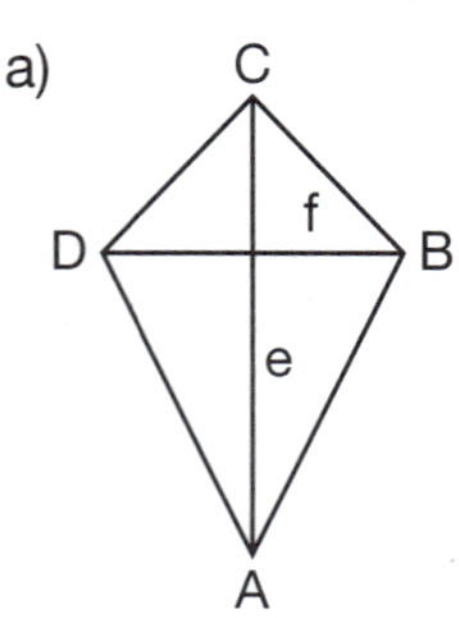

b)

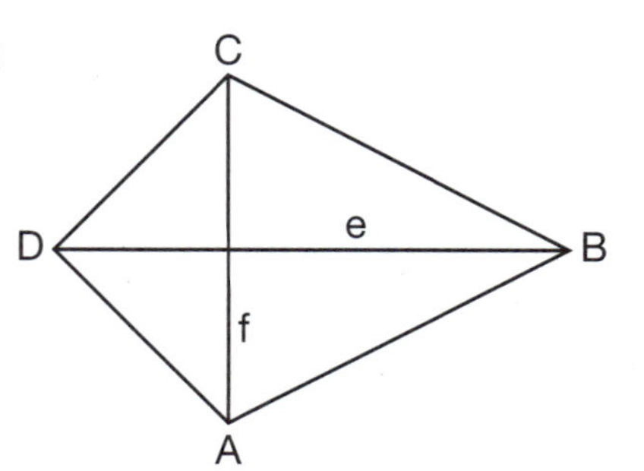

Ergebnisse in cm: 1,0; 1,4; 1,4; 2,0; 2,1; 2,1; 2,2; 2,2; 3,0; 3,0; 3,3; 3,3; 4,5 – 1 Zahl ist zu viel!

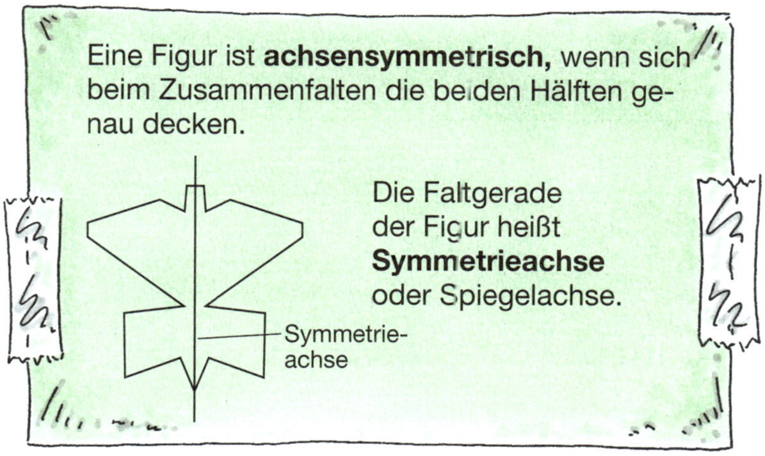

1. Welche der abgebildeten Figuren sind achsensymmetrische Figuren?

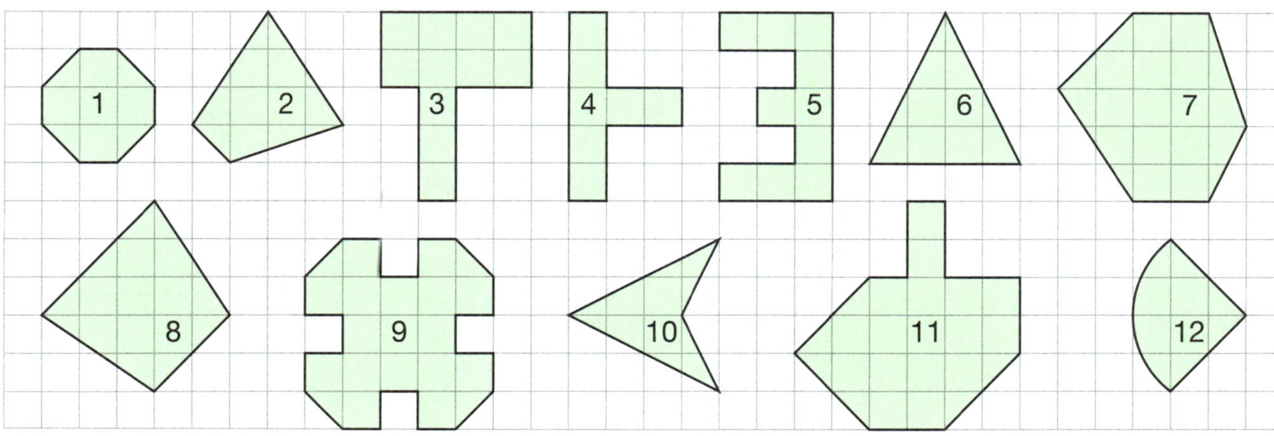

Die Figuren mit der Nummer ____, ____, ____, ____, ____, ____, ____ und ____ sind achsensymmetrisch.

2. Untersuche die Eigenschaften der Flächen. Trage deine Ergebnisse in die Tabelle ein.
Hinweis: Zeichne alle Flächen, wenn möglich, mit ihren Symmetrieachsen.

Fläche	achsensymmetrisch	nicht achsensymmetrisch	Anzahl der Symmetrieachsen
Quadrat			
Rechteck			
Unregelmäßiges Dreieck			
Gleichschenkliges Dreieck			
Gleichseitiges Dreieck			
Parallelogramm			
Raute			
Trapez			
Gleichschenkliges Trapez			
Drachenviereck			

Ergebnisse: 7 Flächen sind achsensymmetrisch; 3 Flächen sind nicht achsensymmetrisch ; insgesamt 14 Symmetrieachsen.

3. Welche Buchstaben und welche Ziffern sind achsensymmetrisch? Zeichne die Symmetrieachsen ein. Notiere alle Buchstaben des Alphabets als Großbuchstaben in Blockschrift.

Zur Kontrolle: 16 achsensymmetrische Buchstaben; 3 achsensymmetrische Ziffern

1. Lerne die Namen der folgenden Körper auswendig.

Zylinder	Kegel	Würfel	Quader	Pyramide	Kugel
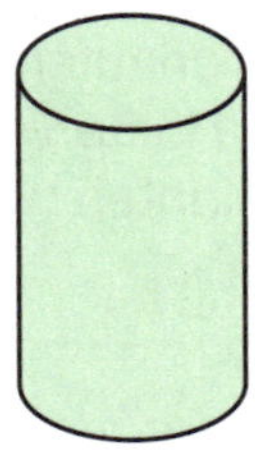	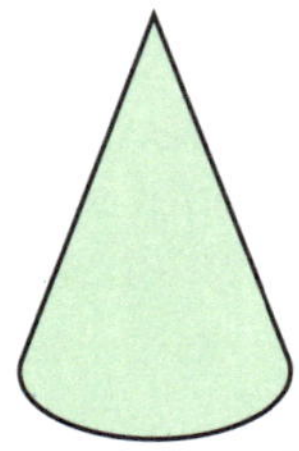	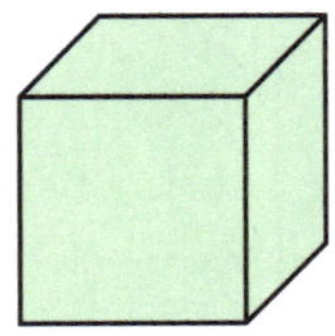	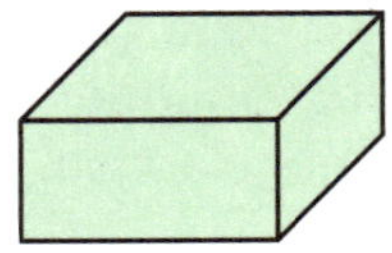		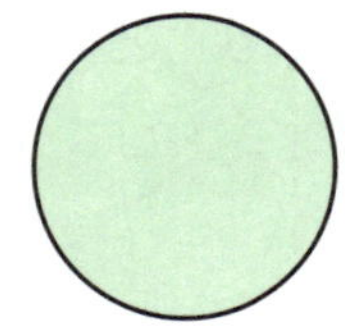

Überlege dir Beispiele aus deiner Umwelt für die einzelnen Körper.

2. Aus welchen der einzelnen geometrischen Körper sind die zusammengesetzten Körper entstanden?

a) 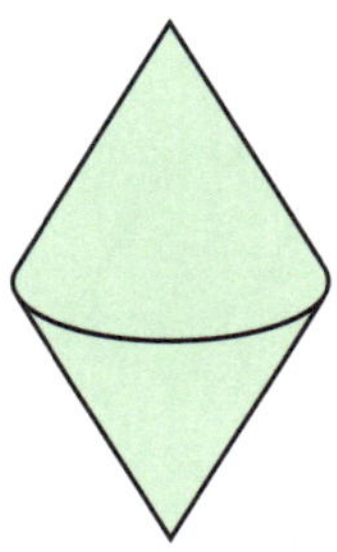

b) 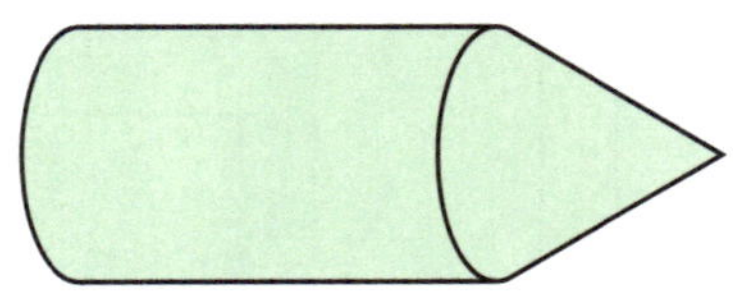

c) 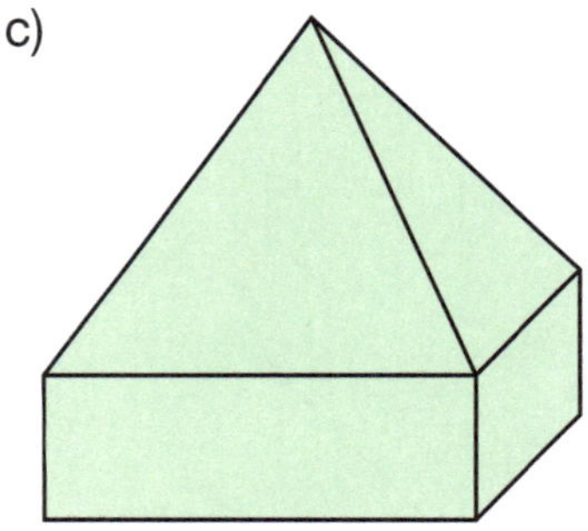

d) 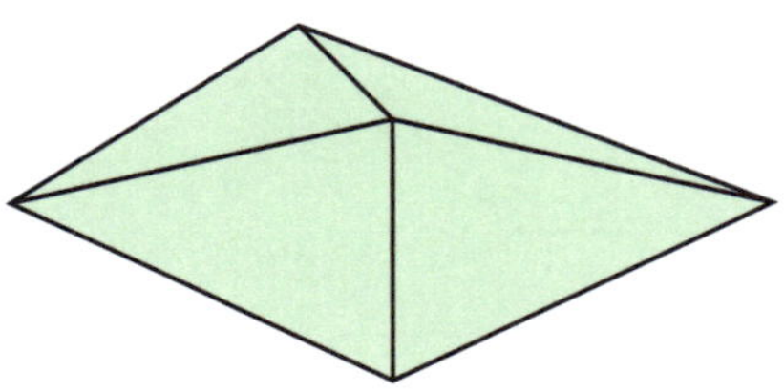

e) 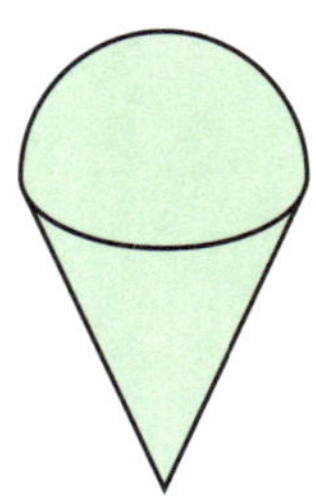

f) 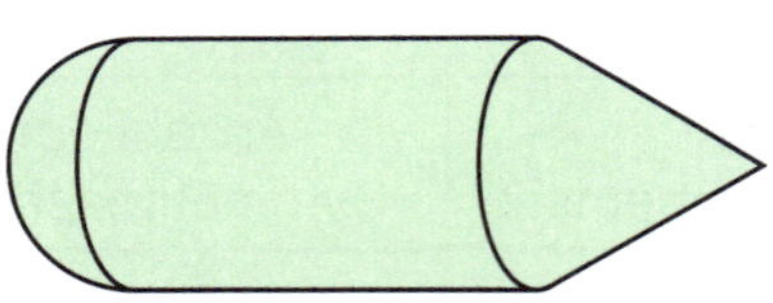

g) 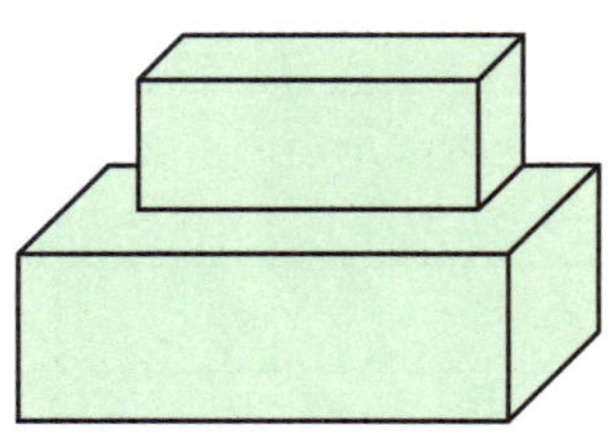

h) 

i) 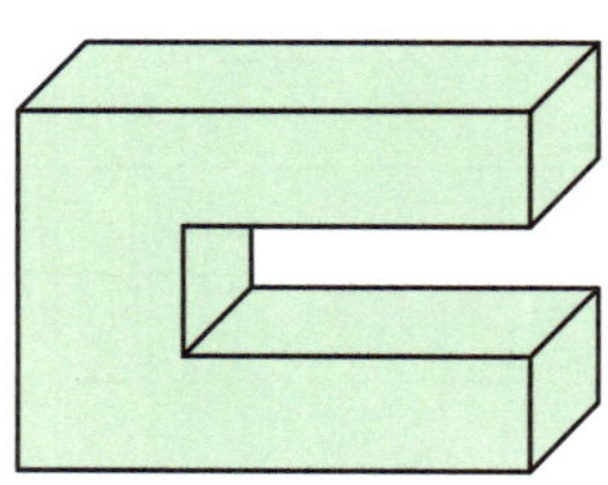

j) 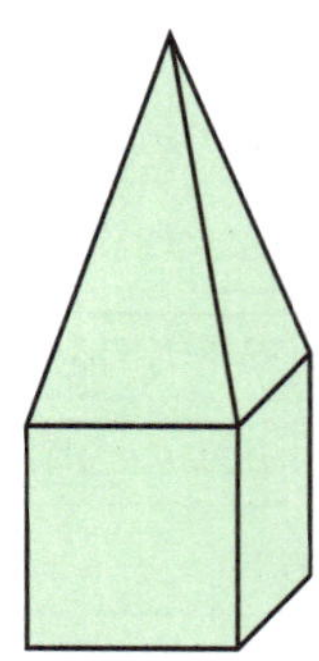

k) 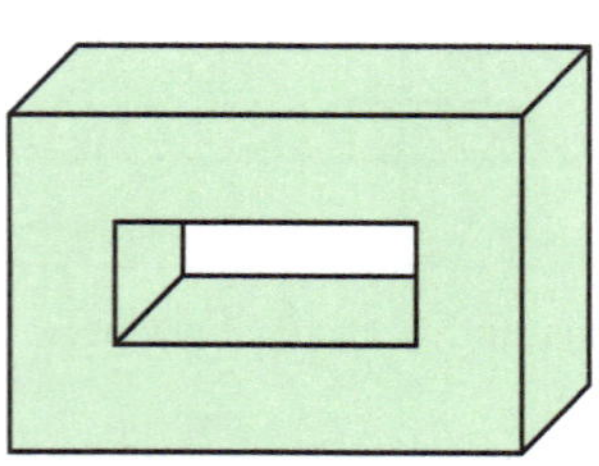

l) 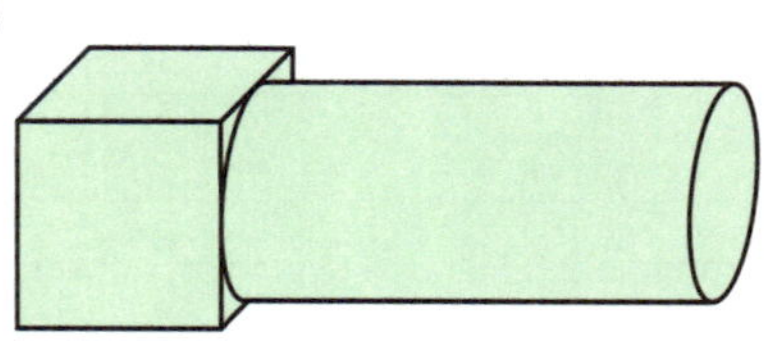

m) 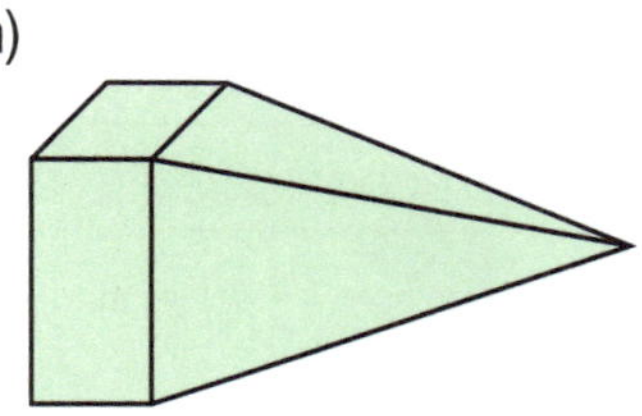

Ergebnisse: 2 Quader; 2 Quader; 3 Quader; 4 Quader; Quader und Pyramide; Würfel und Pyramide; Würfel und Zylinder; Halbkugel und Kegel; 2 Pyramiden; 2 Kegel; Halbkugel, Zylinder und Kegel; Quader und Pyramide; Zylinder und Kegel

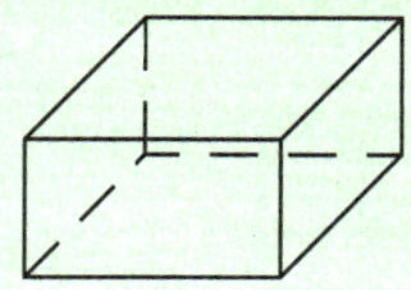

Ein Quader hat sechs rechteckige Begrenzungsflächen.

Beachte: Nach hinten verlaufende Kanten werden auf die Hälfte verkürzt. Nicht sichtbare Kanten werden gestrichelt gezeichnet.

1. Zeichne die angefangenen Schrägbilder zu Ende.

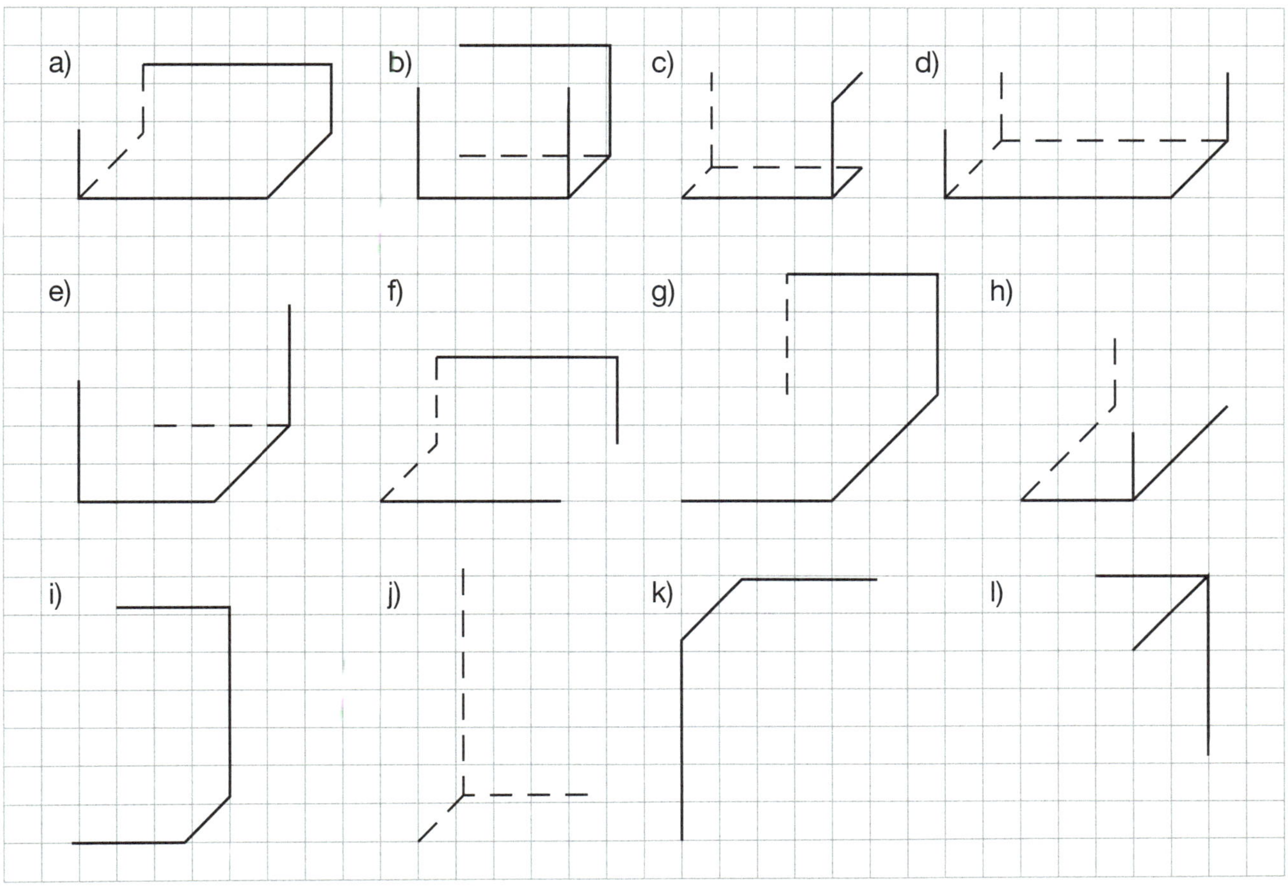

2. Bestimme die Kantenlängen der Quader.

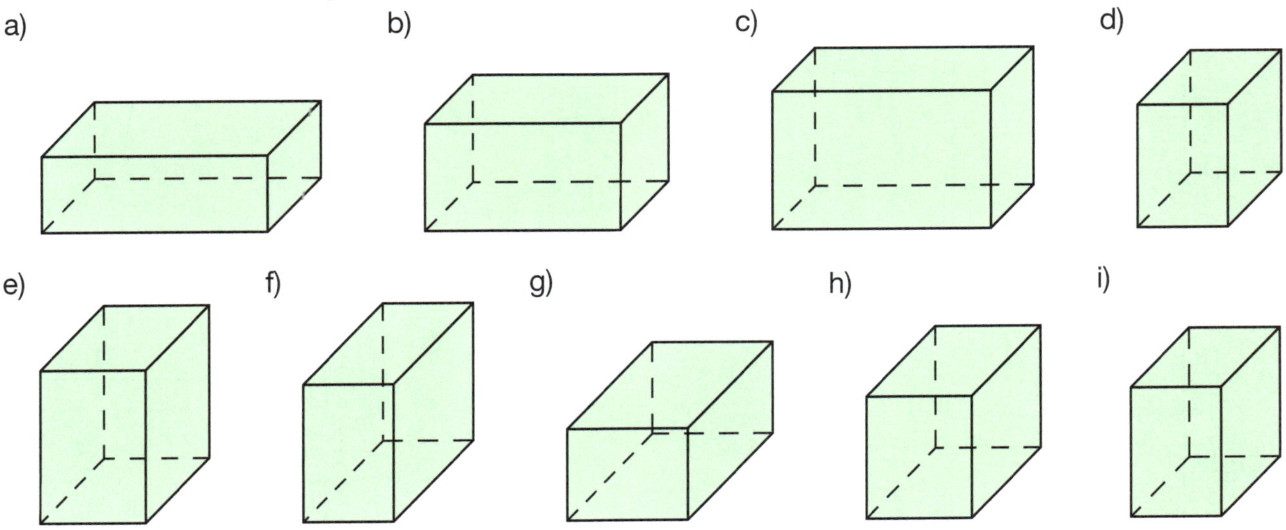

Ergebnisse (Angaben in cm Länge/Breite/Höhe): 1,2/2,2/1,7; 1,2/2/1,6; 1,2/3/1,8; 1,4/2,4/2; 1,4/2,6/1,6; 1,6/3,2/1,2; 2,6/1,8/1,4; 2,9/1,6/1,8; 3/2/1

1. Welche Netzzeichnungen stellen Quader dar?

a)

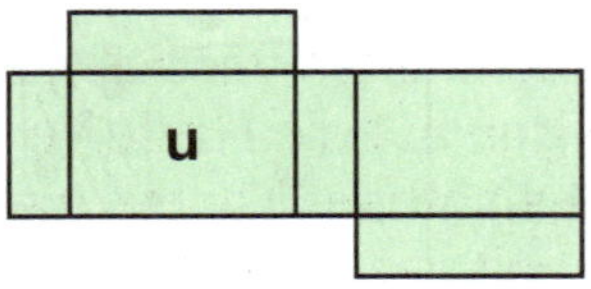

b)

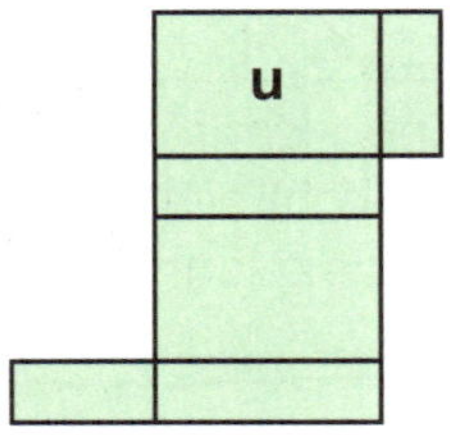

c)

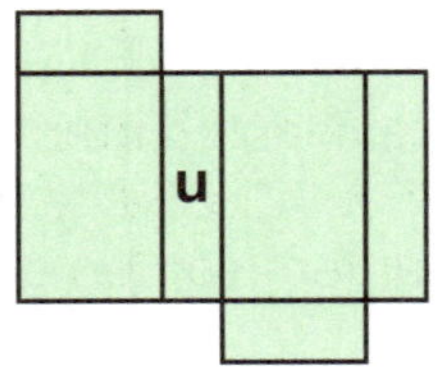

d)

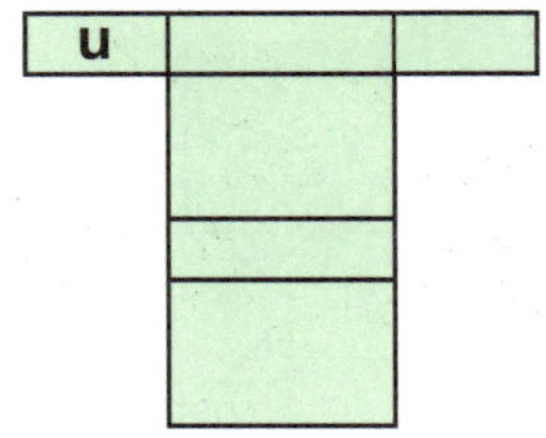

e)

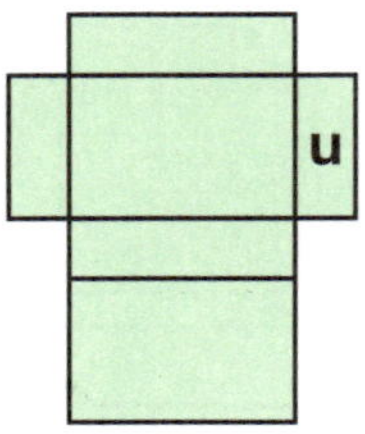

f)

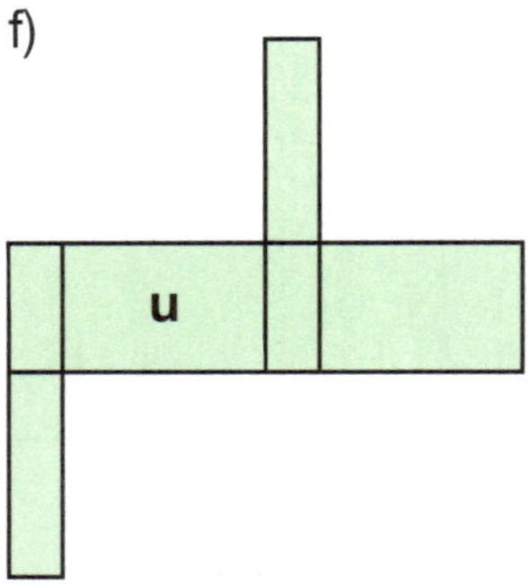

g)

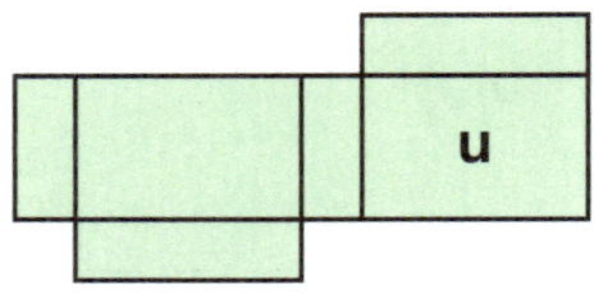

h)

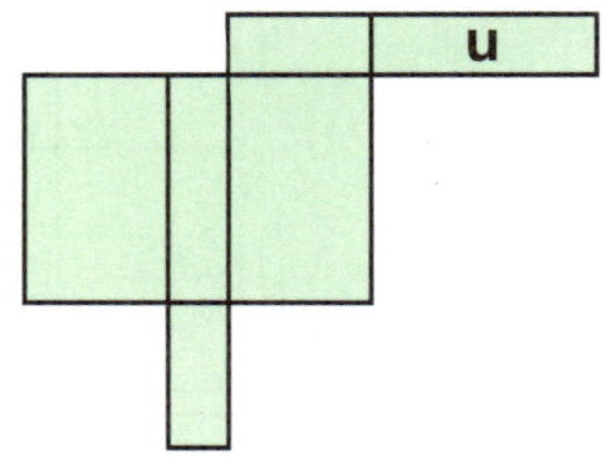

Ergebnisse: zweimal kein Quadernetz und fünfmal ein Quadernetz

2. Bei den Netzzeichnungen soll die mit **u** gekennzeichnete Fläche die untere Fläche des Quaders sein. Trage in die anderen Flächen **o** für obere, **h** für hintere, **v** für vordere, **l** für linke und **r** für rechte Fläche ein.

a)

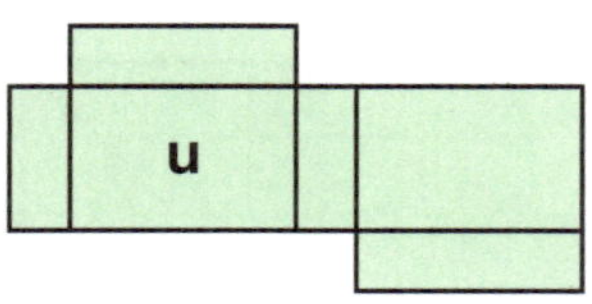

b)

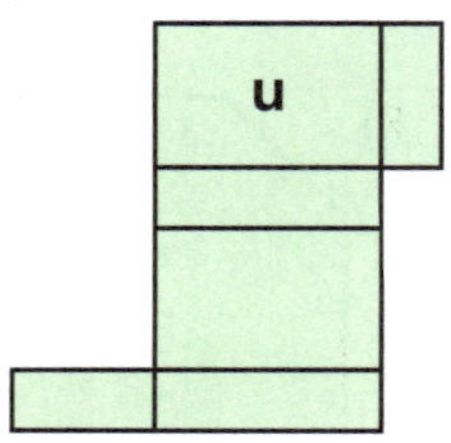

c)

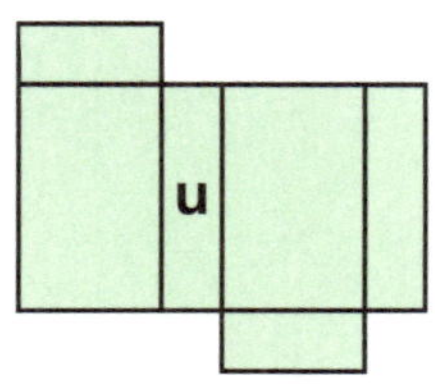

d)

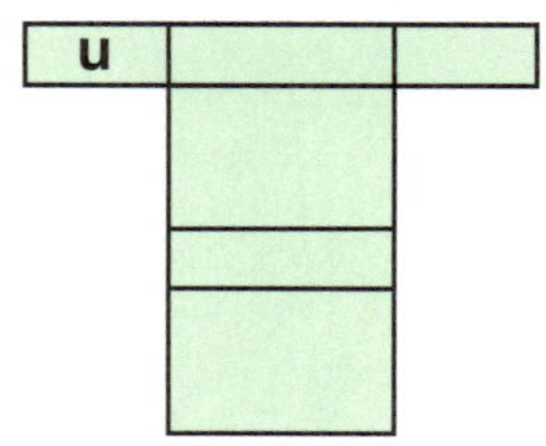

e)

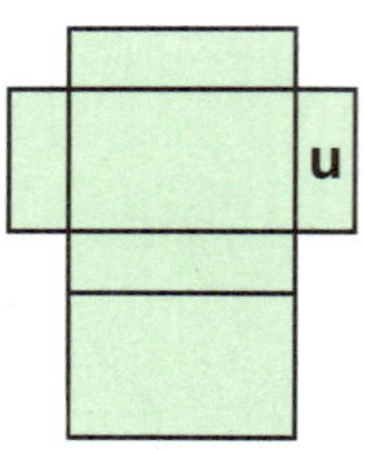

f)

g)

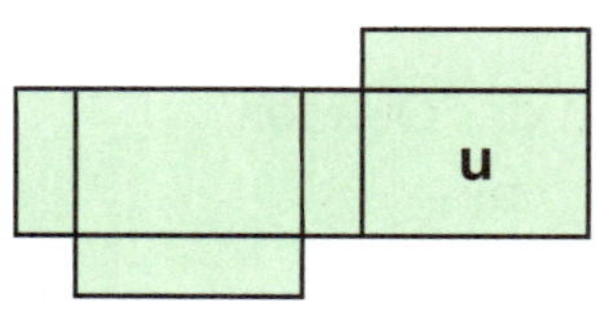

h)

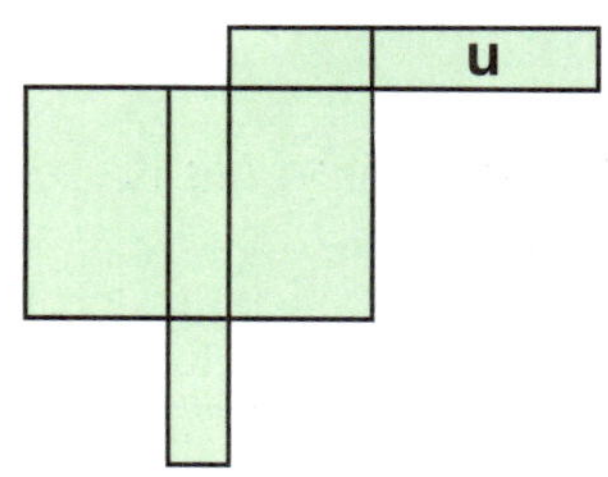

i)

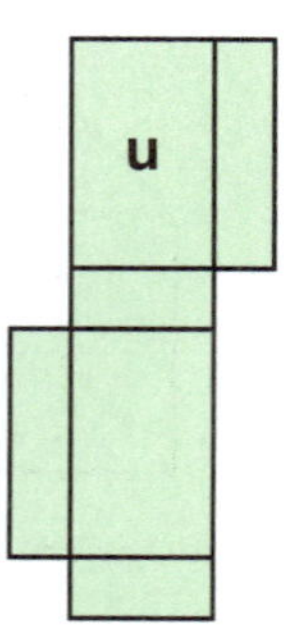

j)

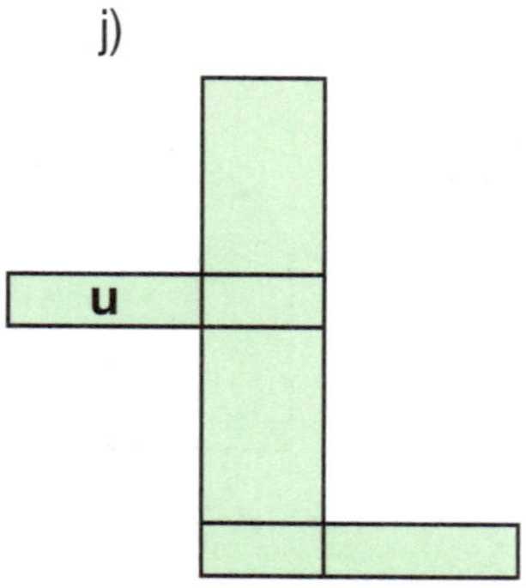

k)

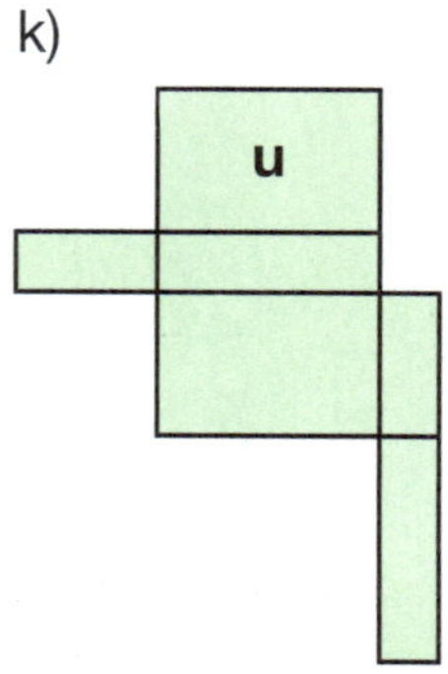

l)

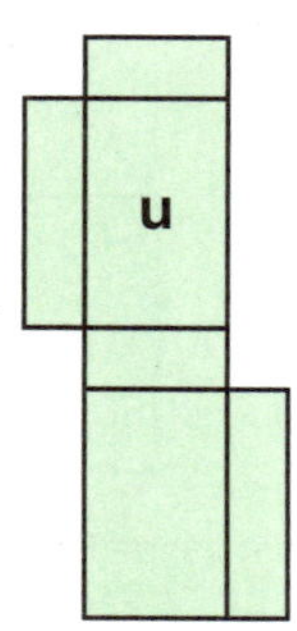

m)

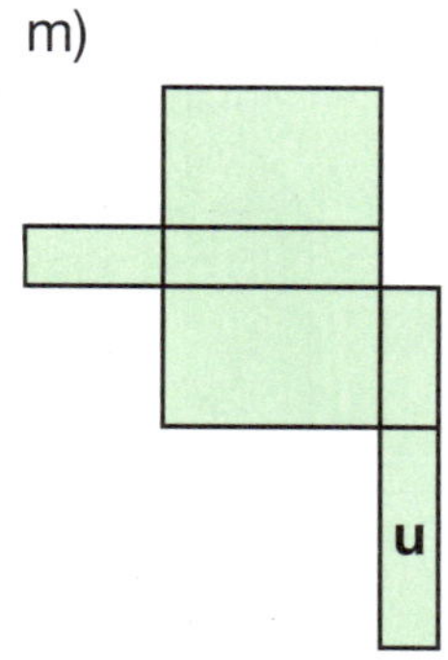

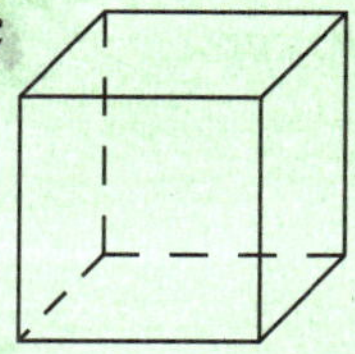

Ein Würfel ist ein Quader mit 6 gleich großen quadratischen Begrenzungsflächen.

Beachte: Nach hinten verlaufende Kanten werden auf die Hälfte verkürzt. Nicht sichtbare Kanten werden gestrichelt gezeichnet.

1. Welche der folgenden Würfel sind richtig gezeichnet. Du musst genau messen.

a)

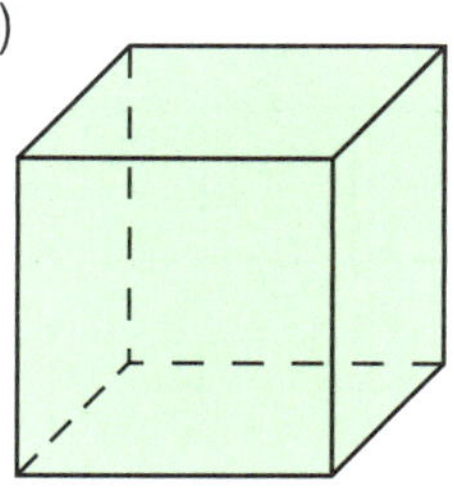

b)

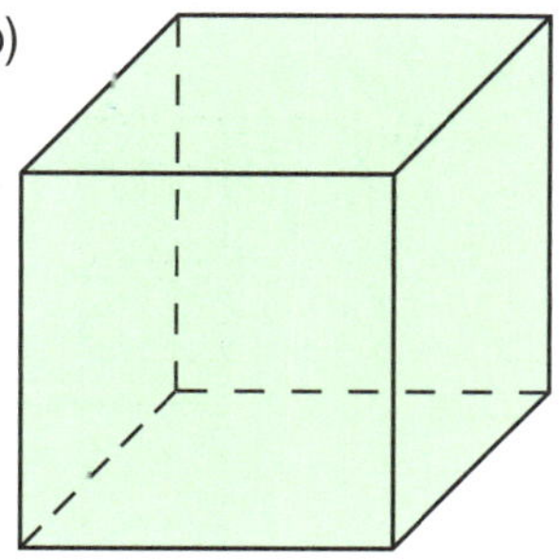

c)

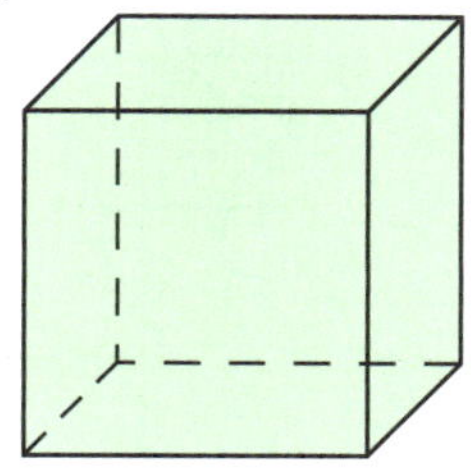

d)

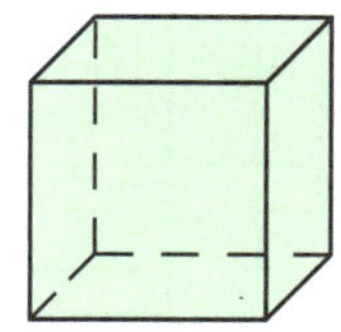

e)

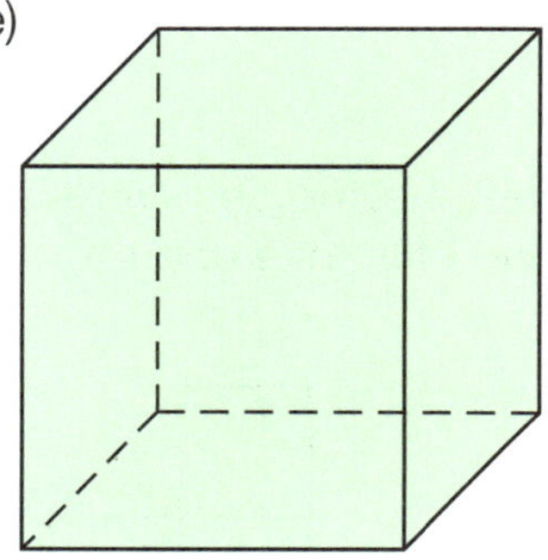

f)

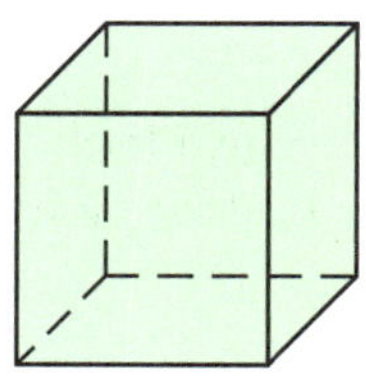

g)

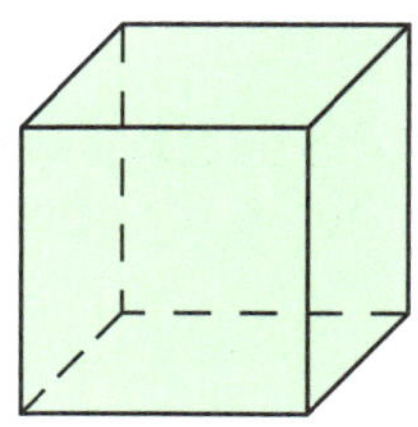

h)

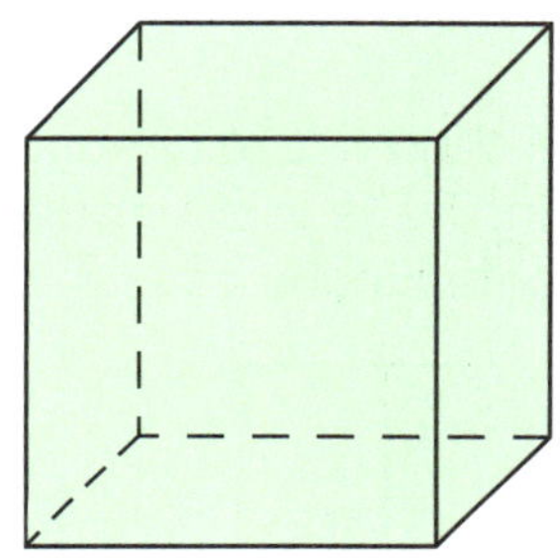

Ergebnisse: viermal richtig, viermal falsch

2. Zeichne die angefangenen Schrägbilder zu Ende.

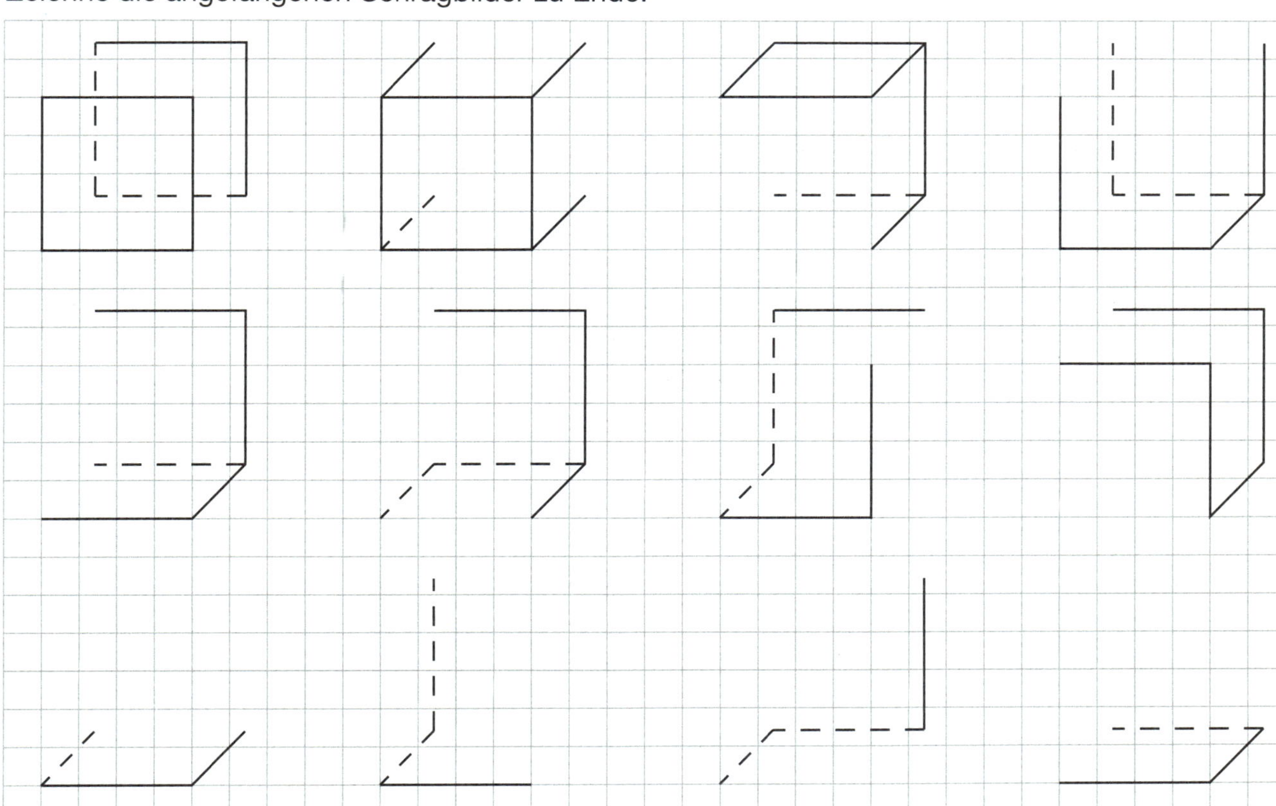

1. Welche der Netzzeichnungen stellen Würfel dar?

a)
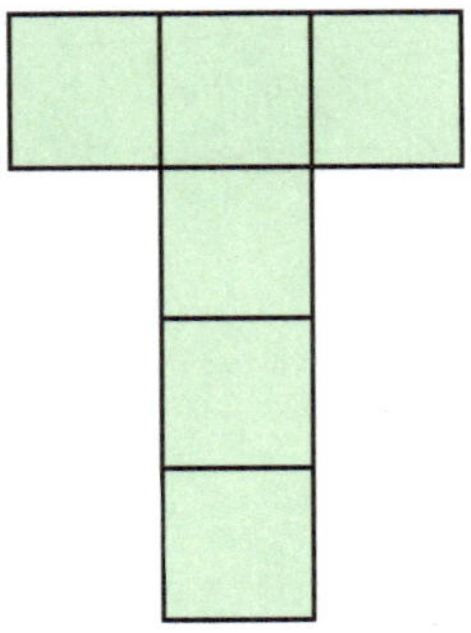
b)
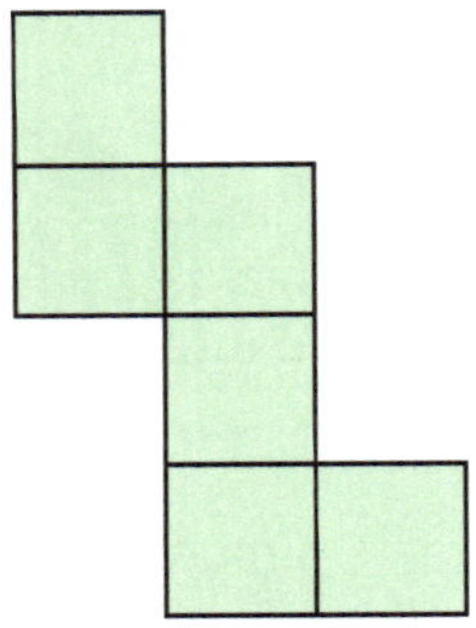
c)
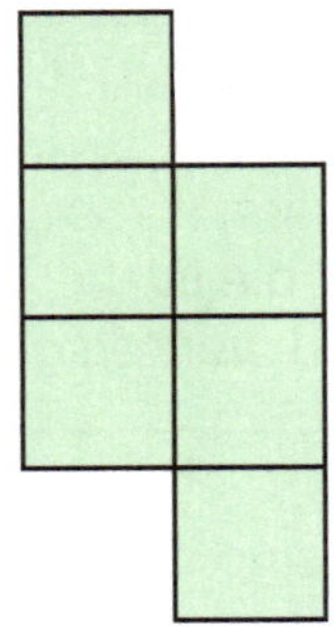
d)
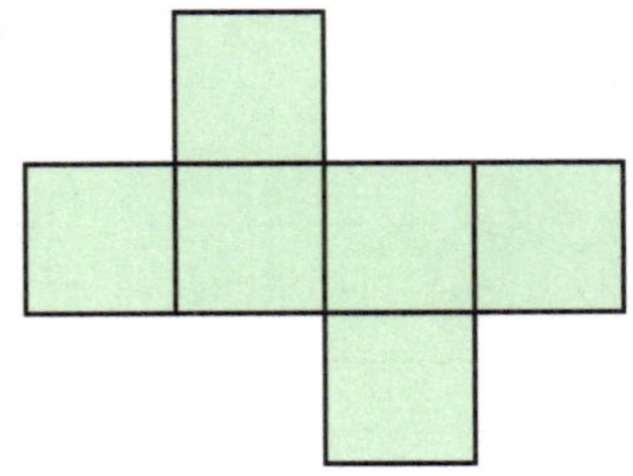
e)
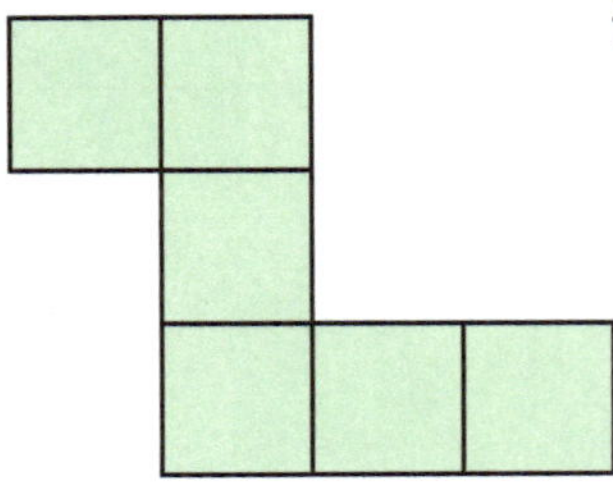
f)

g)

h)
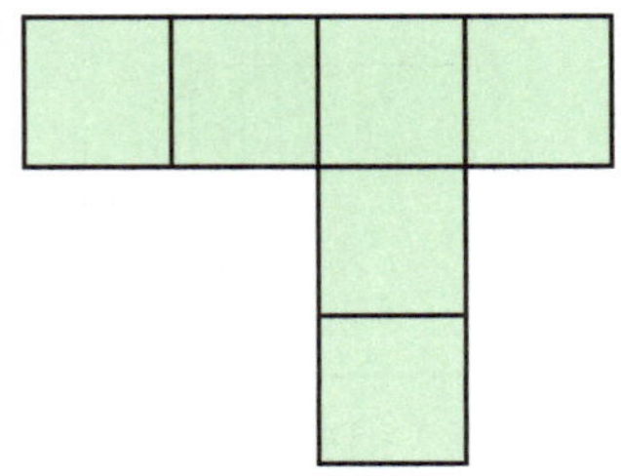

Ergebnisse: fünfmal ein Würfelnetz und dreimal kein Würfelnetz

2. Bei den Netzzeichnungen soll die mit **u** gekennzeichnete Fläche die untere Fläche des Würfels sein. Trage in die anderen Flächen **o** für obere, **h** für hintere, **v** für vordere, **l** für linke und **r** für rechte Fläche ein.

a)
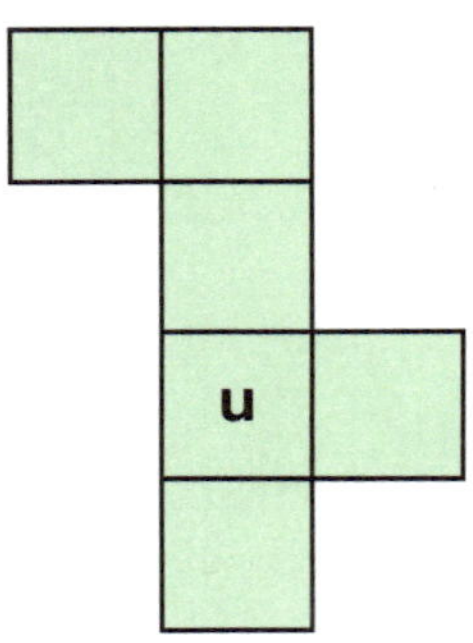

b)

c)
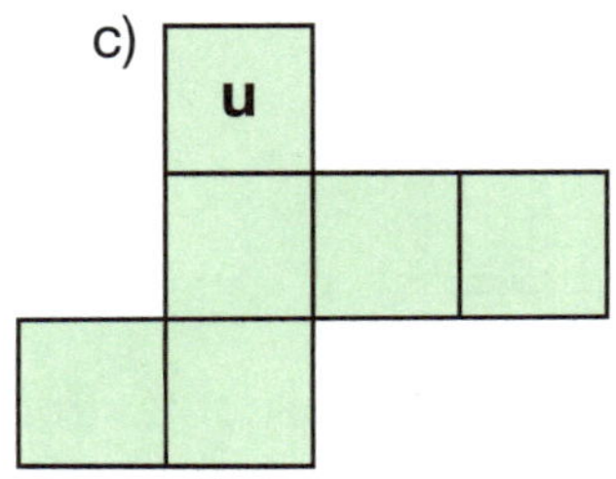

d)

e)

f)

g)
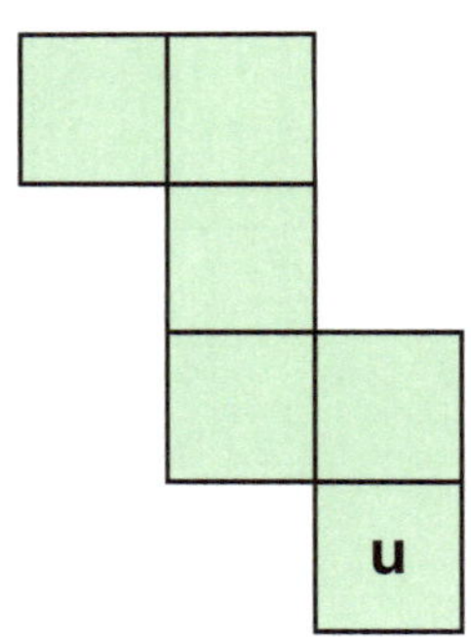

h)
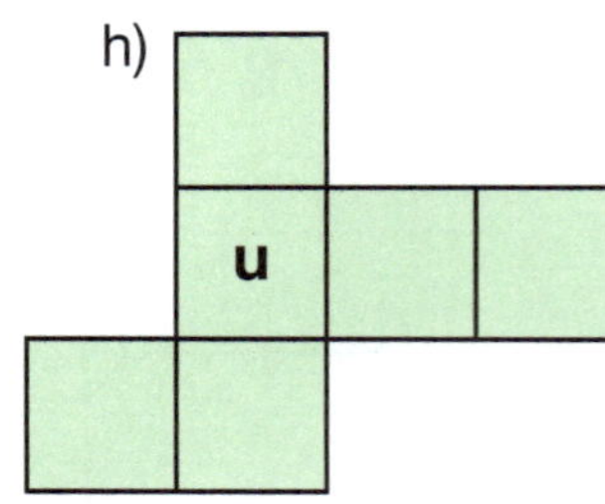

i)

j)

k)
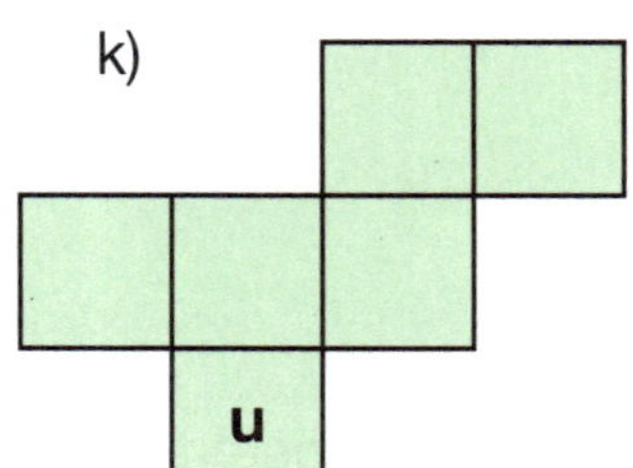

l)